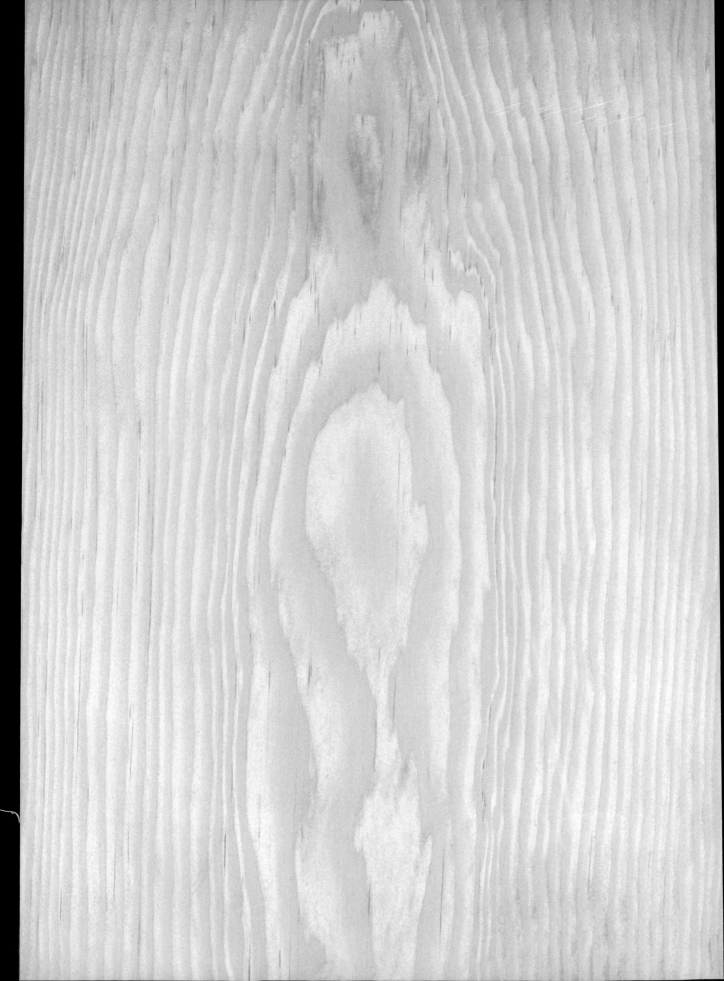

原創&手感木作家具DIY

11位超人氣木工職人親自教學

● 前言

讓親手製作的木作家具成為日常生活中的一部分吧！

11位木工職人於本書中示範多種在其他書上都看不到的原創家具製作方法。

從木工基礎知識，到使用圓木塞隱藏螺絲頭，還有如何在作品表面營造出獨特手感的加工技巧……每件作品都充滿了該位職人細緻的考量和創意。

提到自己動手製作木作家具的好處，真的說不完呢！不但可以自由地調整作品的顏色、尺寸等，只要備齊必要的工具，接下來只需支出木料和塗料等材料費就可動手開工了！

依照自己的安排規劃，展現出你喜愛的設計風格──你一定要親自體會這有趣的嘗試！

CONTENTS

致本書讀者

● 本書主要將NHK出版之《住まい自分流》（2009年5月刊至2010年3月刊）所連載的《一日工房》文章重新編輯而成。

● 使用電動工具及塗料時，請仔細閱讀說明書，必要時請務必佩戴面罩或護目鏡。操作時注意不要傷到自己和周圍的人，並盡可能避免噪音等對左鄰右舍造成不良影響。

● 塗料等材料可能因生產商或零售店的緣故出現斷貨、停售等情形，請讀者諒解。

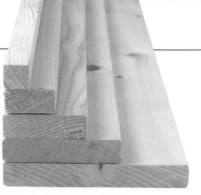

SPF

SPF是一個集合名稱，涵蓋一大群木材物理特性相近的針葉樹種。主要包括雲杉（Spruce）、松木（Pine）、杉木（Fir），SPF即是三種木料的英文字首，三種木料中任意一種成型的木板都可稱為SPF。通常說的一倍木料和兩倍木料都有特定的厚度和寬度，SPF材在很多商店都能購得，容易加工，價格也便宜。

SPF 1 倍木料之規格

由上往下依序為 1×1木料（19×19mm）
1×2木料（19×38mm）
1×3木料（19×63mm）
1×4木料（19×89mm）
1×6木料（19×140mm）

集成材

相同樹種的木板或角木以黏合劑拼接，再壓制而成的整塊木板稱為集成材，仔細看便能看出木片相接的接頭。原料主要以松木為主，通常作成較大的尺寸。

三夾板

由多枚薄木板重疊壓制而成的整塊木板，三夾板的端面部分以木螺絲或釘子不易釘牢，但如果是中間加了厚木板的木芯板，木螺絲和釘子還是能派上用場。圖片中的椴木膠合板表面上貼著光滑的椴木木板，所以比普通的柳桉膠合板價格高一些。三夾板的種類豐富，包括多種尺寸與厚度。

使用的木材

書中作品主要使用便於「切割、螺絲鎖入」等加工作業的材料，一般都可以在建材量販店或木材行購得。如果沒有需要的樹種木板，也可以選擇尺寸相近的其他樹種木板來代替（同時需要調整其他組件的尺寸）。此外，注意不要選用有翹曲、變形的材料。

便利的切割服務

市售的木板長度一般為910mm或1820mm。需要切割時，可請建材量販店代為服務（需收費）。除了直線切割，還可以請服務人員代為鑽孔或進行曲線切割。請記得攜帶木料裁切圖作為參考。

杉木

在幾種實木板（直接由一棵樹切割出來的木板）中，杉木是特別容易加工，且價格也最實惠的一種。木紋清晰明顯，越接近年輪中心，越會泛出淡紅色。

松木

在建材量販店最便宜的是紅松和魚鱗松（Picea Jezoensis）。有的市售松木表面較為粗糙，主要被當成建材用作內壁支架等。

木表

木裡

木材由於乾燥收縮，容易像圖示那樣反翹。只要以木裡作表面，即使翹曲也不會對作品外觀造成太大損傷。

●木材各部位的名稱

木表

側面

木裡

端面

使用實木進行木工製作時

通常在製作木工家具時，都儘量將木裡（靠近年輪中心的一面）設置在作品的表面。但如果製作後期會以油性塗刷裝飾作品表面，就不用特別拘泥於這條常規，可將木紋較漂亮的一面露在作品外側。

※在作品製作的說明部分，有些不會特別區分端面與側面，二者統稱為側邊。

table

桌子
- 餐桌
- 工作桌
- 課桌
- 木箱桌

天然木材有一種自然親切的特殊質感，尤其是桌子、茶几等直接與手部肌膚接觸的木製家具，更能將溫馨的感受傳達至心中。

圖中的餐桌就是充分表現出這種獨特魅力的作品之一，穩重樸質的外形和色調令人印象深刻。

「如果能讓使用桌子的人更加愉快、悠閒地度過品茶與用餐時光，那就太榮幸了！」木工職人山上一郎如此說道。想要享受生活中的悠閒時光，當然少不了餐廳裡的大餐桌啊！

01
餐桌

製作：山上一郎

●組件＆材料

杉木
- 桌面板（24×240×1400mm）…3 片
- 桌腳（75×75×675mm）…4 條
- 撐板 A（24×90×650mm）…4 片
- 撐板 B（45×45×1132mm）…2 條
- 撐板 C（45×45×410mm）…1 條
- 撐板 D（45×45×1180mm）…1 條
- 撐板 E（45×45×800mm）…2 條

螺絲
- 細螺絲（軸徑 3.8× 長度 65mm）…56 根
- 浪形釘片（9mm×4 浪尖）…12 個
- 圓頭木螺絲（軸徑 4.1× 長度 16mm）…20 根
- 平頭木螺絲（軸徑 3.1× 長度 16mm）…40 根

●其他需要的物件

電動起子機、砂紙機、起子頭、鋸子、鐵鎚、木工曲尺、止型定規、砂紙（180號）、木工膠（白膠）、毛刷、廢棉布、塑膠手套等

  ●L型固定片（左側為豎孔，右側為橫孔）。豎孔固定片準備6個，橫孔固定片準備14個。

●清油（WATCO清油：浮木／北三）、水性塗料（水性木質用平光：米色、紅棕色／KANPE塗料）、木工補土（木工補土：柳桉／日本小西）。

穩重的桌腳重複塗刷兩種顏色的水性塗料，能表現出仿舊的韻味。在塗了油性塗料的桌面打上透明蠟，保護效果更能持久。

木料裁切圖（單位為 mm）

杉木（24×240×1820mm）3 片

桌面板
1400 ×3

杉木（45×45×1820mm）3 條

撐板 B
1132 ×2

撐板 D ｜ 撐板 C
1180 ｜ 410 ×1

杉木（75×75×910mm）4 條

桌腳
675 ×4

杉木（24×90×910mm）4 片

撐板 A
650 ×4

杉木（45×45×910mm）2 條

撐板 E
800 ×2

2 組合至撐板 **C**

以細螺絲將兩組桌腳和**A**組合起來。倒置後，將**B**置於兩個方框之間，然後以螺絲固定。將架子橫向放倒，將**C**放在**B**的中央，一樣以螺絲固定。※組合木板時不需塗抹木工膠。螺絲的位置請參考桌底構造圖操作。以螺絲固定時，螺絲頂部會沒入木板平面以下2mm，所以非常牢固。

3 固定撐板 **D**

在**D**的兩端分別鋸出24×25mm的缺口，放在下方的**A**上面，螺絲由**A**外側朝內鎖入固定。

1 確定桌腳位置

將桌面板翻至背面試放桌腳。如果桌腳有破損，將破損的部分朝內（不明顯的一面）放置。確定好位置後，將四支桌腳靠攏然後在底部標上號碼，也別忘了作上記號以方便分辨桌腳的內外側。

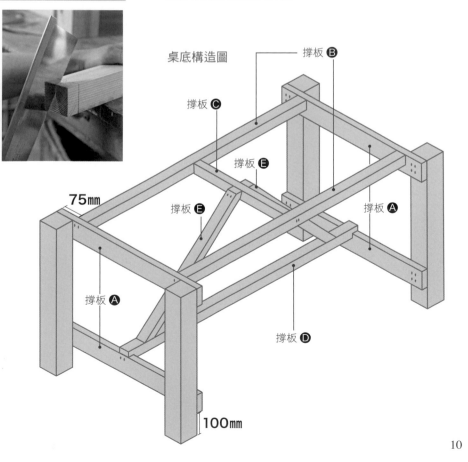

桌底構造圖

撐板 **B**
撐板 **C**
撐板 **E**
撐板 **E**
撐板 **A**
撐板 **A**
75mm
撐板 **A**
撐板 **D**
100mm

6 隱藏木螺絲＆預先塗刷

以木工補土填平所有的螺絲孔,再以砂紙機磨平表面,便可掩蓋住全部的螺絲頭。再以紅棕色油漆進行第一道塗刷,有些留白最好,且需充分乾燥。

7 重複塗刷＆砂磨

以米色油漆進行第二道塗刷,待其乾燥後整體進行磨平,盡量均勻露出第一道紅棕色基底。

8 將L型固定片預裝於桌腳,並在其上方固定桌面

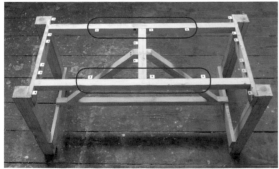

如圖所示,以平頭木螺絲在桌底部分裝上L型固定片(比撐板上緣低1mm。紅框內請安裝豎孔的L型固定片)。桌面板塗刷油漆,塗刷完成後立即以廢棉布擦拭。待油漆乾燥後,以浪形釘片接合三片木板(每塊木板間都依均等間隔釘入6個釘片)。在釘入釘片的這一面桌板中央,倒放上桌底部分,以圓頭木螺絲穿過L型固定片上的小孔釘入桌面(固定片上的每個橢圓孔都釘入一根木螺絲)。

4 鋸切撐板 E

沿45度角鋸切 E 的下端,將斜面放在 D 上並斜靠著 C。以木工曲尺在 E 畫上與 C 同高的橫線,再以止型定規從橫線的中心向下拉出一條直線。只要沿著這兩條線鋸切,就可完成 E 的上端。請依相同方法加工另一條 E。

5 以木螺絲固定撐板 E

對準 E 的上端從 C 鑽兩個孔,再以木螺絲將 E、C 固定。另一條 E 則從 E 上端直接往 C 鑽入兩根螺絲固定。至於 E 的下端,需將餐桌整個翻過來,從 D 的下方分別鎖入兩根木螺絲固定。

02
工作桌

桌面採用較厚的椴木膠合板製作而成，因此側邊部分的多層構造看起來格外顯眼。桌面下方的中央位置配置了一個大型抽屜，使用起來更加方便。

製作：山上一郎

●組件＆材料

椴木膠合板
・桌面板（30×500×1300mm）…1 片

SPF 2×6 木料
・撐板（38×140×1200mm）…1 片

SPF 2×4 木料
・桌腳（38×89×640mm）…4 片

椴木膠合板
・前板（12×110×700mm）…1 片
・底板（12×400×674mm）…1 片
・框板（左右。12×45×400mm）…2 片
・框板（前後。12×45×650mm）…2 片

螺絲
・粗牙螺絲（軸徑 4.2× 長度 57mm）…8 根
・迷你螺絲（軸徑 2× 長度 20mm）…32 根
・圓頭木螺絲（軸徑 4.1× 長度 16mm）…8 根
・扁圓頭自攻螺絲（軸徑 3× 長度 12mm）…6 根

●其他需要的物件
電動起子機、砂紙機、鑽頭（2mm軸徑、13mm軸徑、20mm軸徑）、起子頭、鐵鎚、砂紙（150號）、木工膠（白膠）、雙面膠帶、遮蔽膠帶、毛刷、廢棉布、塑膠手套等

●環保木器塗料（OSMO透明面漆：烏木色，OSMO地板家具用快乾面漆：平光）。

●桌腳安裝套件。可組合2×4木料和2×6木料，成為餐桌或工作桌的桌腳，建材量販店等有售。

●滑軌（鍵盤滑軌〈8150-16〉／SUGATSUNE工業），分為內道和外道兩部分，圖片呈現的是內外道組合好之後的軌道側面。

在滑軌外側安裝托架後的樣子，托架上方會與桌面板的背面相接。

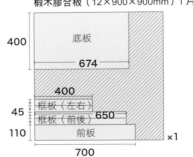

木料裁切圖（單位為 mm）

椴木膠合板（30×910×1820mm）1 片

桌面板
500
1300
×1

SPF 2×6 木料（38×140×1820mm）1 片
撐板
1200
×1

SPF 2×4 木料（38×89×1820mm）2 片
桌腳　桌腳
640　640
×2

※ 抽屜
椴木膠合板（12×900×900mm）1 片

底板
400
674

框板（左右）
400
框板（前後）
650
45
前板
110
700
×1

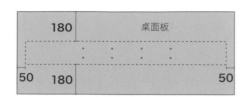

| 50 | 180 | 桌面板 | 50 |

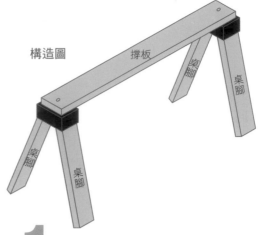

構造圖　撐板　桌腳　桌腳　桌腳

3 組裝桌腳

❶從撐板表面穿入桌腳安裝套件上的固定螺栓，然後在撐板背面安裝好套件主體，再把擠壓塊套上螺栓。提起擠壓塊，從兩側插入桌腳，以鐵鎚徹底敲入。

❷固定擠壓塊。旋緊套件附帶之蝶形螺帽，最後以鉗子夾著螺帽旋轉，至無法繼續轉動為止。

❸將桌面板底面朝上放好，讓倒置的撐板表面緊貼其中心位置，依構造圖位置鑽入8根粗牙螺絲以固定撐板和桌面。完成主體部分。

1 在撐板上鑽孔

在撐板（表面）鑽孔，以便穿入桌腳安裝套件上的固定螺栓。在距離端面50mm的中央位置，先以軸徑20mm之鑽頭鑽出深度為7mm之導孔（請參照P.50，先在鑽頭上標好記號再鑽孔）。換上13mm鑽頭從導孔中心位置穿透撐板。撐板另一端也依相同方式鑽孔。

2 塗刷

砂磨工作桌的各個組件，以烏木色透明面漆塗刷撐板和桌腳。每塗刷完一個組件都立即以廢棉布擦拭。桌面和抽屜以地板家具用快乾面漆塗刷，也需要以廢棉布擦拭。桌面板的面積較大，塗刷完一個面就需隨即擦拭。

POINT 稍用力反覆擦拭，避免遺漏任何一部分，需擦到表面沒有黏稠感。

5 安裝抽屜

❶桌子倒放，將抽屜兩側的兩個托架跨過撐板，立在桌面板底面。以圓頭木螺絲將托架固定於桌面板（每個托架使用兩根螺絲），抽屜固定完成。

❷安裝抽屜前板。在前板和桌面板之間放一塊厚3mm的木板（也可以使用紙張等重疊至3mm厚度），先以雙面膠帶暫時固定。

❸將桌子放正，拉開抽屜，如圖示以8根迷你螺絲由抽屜內側固定前板，完成！

4 組裝抽屜

6 mm

10 mm

❶以鑽頭（軸徑2mm）在左右框板兩端分別鑽兩個螺絲孔（貫穿）。螺絲孔位於框板內角6×10mm處。

❷以左右框板夾住前後框板，從螺絲孔的位置鑽入迷你螺絲，拼接好四方邊框。

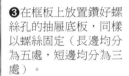

❸在框板上放置鑽好螺絲孔的抽屜底板，同樣以螺絲固定（長邊均分為五處，短邊均分為三處）。

❹在左右框板外側以三根扁圓頭自攻螺絲固定滑軌的內道。將已經安裝好托架的滑軌外道裝進內道。

03
課桌

主要的材料為一片集成材，充分使用整塊木板，有效節省了材料費。桌面和桌腳刻意選擇不同顏色的塗料進行塗刷。

製作：藤木豐和

●組件＆材料

紅松集成材
- 桌面板（18×500×950mm）…1 片
- 層板（18×280×865mm）…1 片
- 撐板 A（18×70×865mm）…2 片
- 撐板 B（18×70×430mm）…2 片

白木
- 層板撐板（45×45×435mm）…2 條
- 桌腳（45×45×685mm）…4 條

螺絲
- 粗牙螺絲（軸徑 3.8× 長度 38mm）…24 根
- 圓頭木螺絲（軸徑 4.1× 長度 16mm）…20 根
- 平頭木螺絲（軸徑 3.1× 長度 16mm）… 40 根

●其他需要的物件

電動起子機、修邊機、鑽頭（2mm軸徑、9.5mm軸徑）、起子頭、¼R刀（1分）、毛氈保護墊、固定夾、鋸子、鐵鎚、木工曲尺、角尺、圓木棒（直徑10×長900mm，1條）、砂紙（150號）、木工膠（白膠）、遮蔽膠帶、毛刷、廢棉布、塑膠手套等

● 清油（木料編號：深棕色、淺棕色／Planet Japan）。

●L型固定片（左側為豎孔，右側為橫孔）。豎孔固定片準備8個，橫孔固定片準備12個。

木料裁切圖（單位為 mm）

紅松集成材（18×500×1820）1 片

		865
桌面板	層板	280
	撐板 A	70
	撐板 A	70
	撐板 B ／ 撐板 B	70
950	430 ／ 430	×1

白木（45×45×1820mm）2 條

層板撐板	桌腳	桌腳	
435	685	685	×2

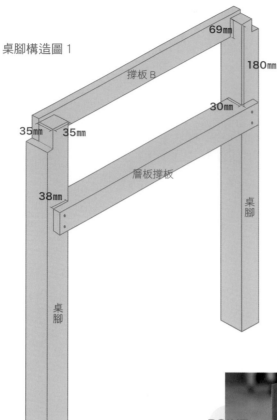

桌腳構造圖 1

69mm
180mm
撐板 B
30mm
35mm 35mm
層板撐板
38mm
桌腳
桌腳
桌腳
45mm 45mm

1 組裝桌腳①

●順序

以鉛筆在桌腳上端畫出鋸切線,以鋸子鋸出缺口(參照下方圖片,四支桌腳都要鋸切)。層板撐板的兩邊也要鋸出38×30mm的L型缺口(兩支都要鋸切)。

在撐板A、B需要釘螺絲的位置鑽孔。先以鑽頭(軸徑9.5mm)鑽出深度9mm的導孔,再於孔底中心以軸徑4mm的鑽頭完全鑿穿撐板(請參照P.50)。為了之後組裝時螺絲不至於互相碰到,在撐板A、B上開孔時,需注意位置要錯開一定的距離(請參照桌腳構造圖2)。層板撐板的螺絲位置用4mm軸徑的鑽頭鑽孔(完全貫穿)。將撐板B和層板撐板用粗牙螺絲固定在兩條桌腳上。製作兩組。

※木板之間的接合處均塗抹木工膠。

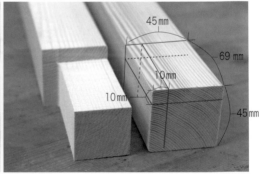

45 mm
69 mm
10mm
10mm
45 mm

POINT

參照右圖,以鉛筆在桌腳上畫出鋸切線。使用固定夾固定住桌腳,以鋸子鋸切長度為45mm的兩邊(紅線部分,深度為10mm)。再從端面兩邊向下鋸切長度69mm(左圖),切好一邊後,轉動桌腳並重新固定,再鋸切另一邊。

進階篇!

直角部分也可以利用砂紙簡單倒角(消除稜角),不過若有餘力,不妨以修邊機來完成,美化得更徹底。撐板A、B的底邊(各自有兩邊不會和桌面板相接。長度為70mm的邊不用銑削)、桌面板和層板的底邊(各有四邊)都以安裝了¼R刀的修邊機來進行銑削美化。

以螺絲固定撐板B的時候,一定要用角尺靠在轉角內側,確定整個轉角為直角。如果不是直角,之後裝上的桌面板就會因此傾斜。固定層板撐板的時候,也需要利用這種方法。

2 組裝桌腳②

桌腳構造圖 2

撐板 B
撐板 A
層板撐板
桌腳
撐板 A
撐板 B
層板撐板
桌腳
桌腳
桌腳

● 順序

將撐板 **A** 以螺絲固定在步驟 **1** 中組裝好的結構上。全部固定好後，以圓木塞遮住所有螺絲孔。將桌腳部分倒放，操作上會更容易，最後再將桌面板和桌腳填充好圓木塞的地方全部砂磨。

POINT 在以螺絲固定的過程中，一定要利用角尺確保安裝時為直角。

圓木棒切成150mm小段的木塞，在螺絲孔中擠入木工膠，以鐵鎚將木塞敲入孔中（圓木塞前端周圍也以用砂紙稍微磨細）。鋸子緊貼於撐板側面，直接鋸掉露在孔外的部分。

桌腳部分以淺棕色的清油來塗刷，快要完成三面後，便立即以廢棉布擦拭，如此反覆幾次。桌面板和層板以深棕色清油塗刷，放置一整天讓其乾燥。

3 安裝金屬件

伸縮方向

參照圖片中的位置，以平頭木螺絲拴緊L型固定片。像桌面板和層板這類比較寬大的木板通常會有一種特性：容易沿著垂直於木紋的方向（箭頭標示處）產生伸縮。像圖示這樣讓L型固定片上的長型口順著木板伸縮方向配置，希望能藉此降低固定片對木板伸縮之抵抗力，同時有效降低木板發生反翹的可能。安裝固定片時，固定片上緣要比撐板頂端低1mm左右。

4 安裝桌面板&層板

完成

將桌面板正面朝下倒置於工作台，把倒置的桌腳放在中央位置，以圓頭螺絲固定L型固定片和桌面板。層板以固定夾固定好之後，同樣用螺絲鎖死。桌腳背面可依個人喜好貼上毛氈保護墊。

04
木箱桌

製作：藤牧敬三

●組件＆材料
SPF 1×4 木料
• 前後板（19×89×600mm）…10 片
• 底板（19×89×600mm）…5 片
• 側板（19×89×407mm）…10 片
• 蓋板（19×89×615mm）…5 片

SPF 2×4 木料
• 豎框（38×43×445mm）…4 片
• 橫框（38×43×321mm）…4 片
• 蓋板固定條（38×43×400mm）…2 片

螺絲和釘子
• 粗牙螺絲（軸徑 4.2× 長度 75mm）…8 根
• 黃銅螺旋釘（軸徑 1.8× 長度 32mm）
　…126 根

●其他需要的物件
電動起子機、鑽頭（2mm軸徑）、起子頭、鐵鎚、木工曲尺、固定夾、緊固夾、砂紙（150號）、木工用膠（白膠）、毛刷、廢棉布、塑膠手套等

●清油（WATCO清油：墨黑、淺胡桃色／北三）。

這張桌子同時也是收納箱，桌面板就是收納箱的箱蓋，只要抓住箱子的邊框，就能輕鬆搬運。以墨黑和淺胡桃色兩種顏色交錯塗刷，與P.72的隔屏作法相同。

木料裁切圖（單位為 mm）

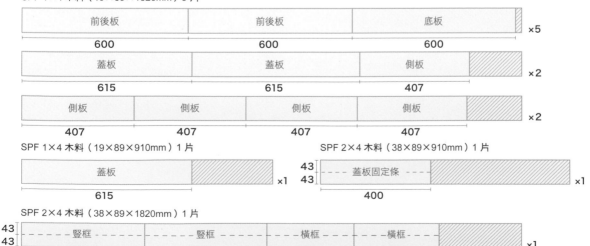

SPF 1×4 木料（19×89×1820mm）9 片

前後板	前後板	底板
600	600	600	×5

蓋板	蓋板	側板
615	615	407	×2

側板	側板	側板	側板
407	407	407	407	×2

SPF 1×4 木料（19×89×910mm）1 片

蓋板
615	×1

SPF 2×4 木料（38×89×910mm）1 片

43
43
蓋板固定條
400	×1

SPF 2×4 木料（38×89×1820mm）1 片

43
43
豎框	豎框	橫框	橫框
445	445	321	321	×1

※豎框、橫框以及蓋板固定條都是將2×4木料縱向剖成兩半而成。
　若能找到2×2（38×38mm）木料，則可直接使用，但這種情形下的橫框長度必須加長10mm。

2 組合橫框 & 縱框

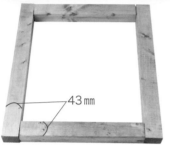

43 mm

將豎框從兩端夾住橫框，在豎框的四個相對位置（離豎框兩端各 20mm 處）上各釘入一根粗牙螺絲固定橫框。鑽好孔，以固定夾固定好組件後鎖入螺絲，製作兩組。組件之間的組合部都需塗抹木工膠（後面的步驟也需以此方式操作）。

3 在框架上固定側板

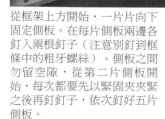

從框架上方開始，一片片向下固定側板。在每片側板兩邊各釘入兩根釘子（注意別釘到框條中的粗牙螺絲）。側板之間勿留空隙，從第二片側板開始，每次都要先以緊固夾夾緊之後再釘釘子，依次釘好五片側板。

構造圖
※ 框架上安裝好側板及前後板之後的狀態。

側板　後板　框　前板　側板　框

1 塗刷組件

先將各組件表面砂磨平整，然後進行塗刷。框架和蓋板固定條塗刷淺胡桃色清油，其他部分則使用墨黑色的清油進行塗刷。完成後以廢棉布仔細擦拭，並充分風乾。

5 製作蓋板

480mm

❶蓋板是由兩條蓋板固定條（以下稱固定條）固定。先排好五片蓋板，接著左右對稱擺放兩條固定條，固定條的間距為480mm。以鉛筆沿著固定條邊緣在蓋板上勾畫出輪廓，在鉛筆框內的每個蓋板兩端各鑽兩個螺絲孔（貫穿）。比照輪廓線的位置放回固定條，以緊固夾夾緊五片蓋板，再以固定夾固定固定條。整個倒置，從蓋板上面穿過螺絲孔釘入鐵釘。

❷以釘衝將蓋板上的釘頭輕輕敲入蓋板，木箱桌主體的釘頭也以同樣的方式敲入，即完成製作。

4 於左右和底部釘上前後板和底板

❶將兩組框板豎著放好，將一片前板橫搭在框板上，用釘子固定兩端。從第二片前板開始，每次都要先以緊固夾夾緊之後再釘釘子，避免出現空隙，後板固定方式與前板相同。

❷將桌底翻過來朝上，依照相同方法固定底板。如圖所示，最外側的兩片底板需從距離邊緣10mm的地方釘入釘子（三個標註紅色圓圈的地方）。

作家 file

小酒館「SANTO」（右）的家具和內裝都是親手完成。
並曾於「木製兒童房間」概念展上展出樹屋作品（左）。

01/02
山上一郎：家具工房 木取
Address：東京都立川市富士見町 2-32-27
　　　　　石田產業倉庫 No.5
Phone：042–525–4403
URL：http://www.kitori.jp/

將釀造用的酒桶回收再利用，變身為漂亮的長椅（右）。
手感極佳的餐具櫃是以松木製作而成（左）。

03
藤木豐和：我樂舍
Address：山梨縣北杜市高根町下黑澤 123
Phone：0551-47-4247
URL：http://www.garakusha.jp/

使用產自長野縣松本市的掃帚草製作而成的原創松本掃帚（右）。
有柱腳的置物架（左）可作間壁，雙面皆可用。

04/15
藤牧敬三：Style Galle
Address：長野縣東筑摩郡朝日村西洗馬
　　　　　1556-27
Phone：0263-99-2492
URL：http://www.stylegalle.com/

shelf

為了讓初學者也能輕鬆上手，本書介紹的木工職人原創作品在結構上都比較簡單。儘管如此，作品卻仍生動表現出每位職人獨有的風格和心思。

像是刻意以粗粒的砂紙在表面磨出直線凹槽，或是以線板修飾架子的轉角部分……

想要創造格調高雅的原創作品，就不要怕辛苦喔！同時還需具備足夠的巧思——將心中無形的創意透過有形的實體作品表達出來。

側面和背面使用了木質稍粗的紅松，塗抹上稀釋後的墨汁之後，木紋便有了持久的獨特墨色，也構成有趣的手感搭配。

製作：渡邊康之

●組件＆材料

柳桉膠合板
- 側板 A（18×385×900mm）…2 片
- 層板 B1（18×255×830mm）…1 片
- 層板 B2（18×287×830mm）…1 片
- 層板 B3（18×318×830mm）…1 片
- 層板 B4（18×360×830mm）…1 片

紅松
- 裝飾板 C（15×30×830mm）…4 片
- 裝飾板 D（15×90×900mm）…10 片
- 裝飾板 E（15×45×320mm）…2 片
- 裝飾板 F（15×45×950mm）…2 片
- 背板 G（15×90×915mm）…11 片

白木
- 框條 H（30×50×830mm）…2 條
- 框條 I（30×50×300mm）…2 條

SPF 2×3 木料
- 柱腳 J（30×63×180mm）…4 條

螺絲和釘子
- 細螺絲（軸徑 3.3× 長度 55mm）…72 根
- 彩色釘（黑色。軸徑 2× 長度 35mm）…164 根
- 暗釘（長度 36mm）…16 根

●其他需要的物件
電動起子機、鑽頭（2mm軸徑）、起子頭、鋸子、鐵鎚、鉋刀、木工曲尺、固定夾、砂紙（150號）、木工膠（白膠）、毛刷、廢棉布、塑膠手套等

●家具蠟（BRIWAX：淺棕色／GALLUP），也可以使用無色的蠟。墨汁就是寫書法時使用的墨汁。

木料裁切圖（單位為 mm）

柳桉膠合板（18×910×1820）2 片

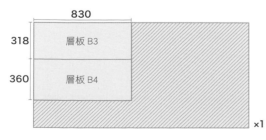

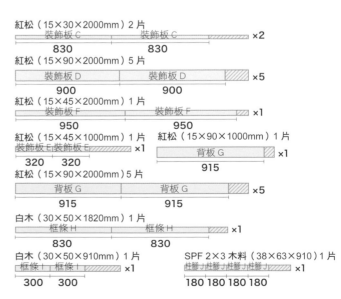

紅松（15×30×2000mm）2 片
裝飾板 C　830　　裝飾板 C　830　×2

紅松（15×90×2000mm）5 片
裝飾板 D　900　　裝飾板 D　900　×5

紅松（15×45×2000mm）1 片
裝飾板 F　950　　裝飾板 F　950　×1

紅松（15×45×1000mm）1 片　　紅松（15×90×1000mm）1 片
裝飾板 E　裝飾板 E　320　320　×1　　背板 G　915　×1

紅松（15×90×2000mm）5 片
背板 G　915　　背板 G　915　×5

白木（30×50×1820mm）1 片
框條 H　830　　框條 H　830　×1

白木（30×50×910mm）1 片　　　　SPF 2×3 木料（38×63×910mm）1 片
框條 I　框條 I　300　300　×1　　柱腳 J 柱腳 J 柱腳 J 柱腳 J　180 180 180 180　×1

※柳桉膠合板的剩餘材料可在組合側板和層板時派上用場。

※裝飾板D中有四片需縱向鋸切成65mm寬度。背板G中有兩片需縱向鋸切成28mm寬度。

29

1 組裝層板

●順序

斜向鋸切好側板**A**之後,以砂紙將組件砂磨平滑。以軸徑2mm的鑽頭在裝飾板**C**上鑽出螺絲孔(貫穿),再以彩色釘固定層板**B1**至**B4**(**B**和**C**的上緣要在同一平面)。**A**和**B1**至**B4**之間,則從外側鎖入細螺絲加以固定。

※組合時皆需塗抹木工膠。接下來步驟**2**中的**D**和**G**也要跟**C**一樣,需先鑽出螺絲孔。

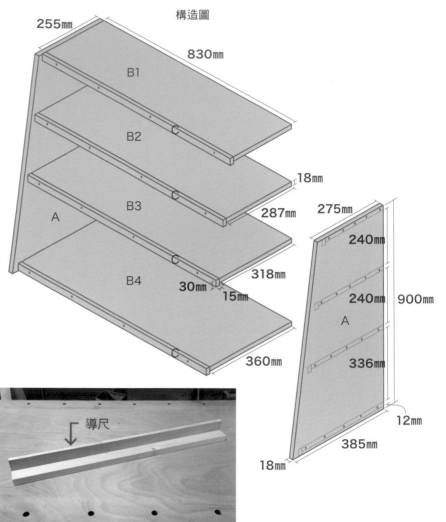

構造圖

255mm
830mm
B1
B2
C
18mm
275mm
240mm
B3
A
287mm
240mm
900mm
A
336mm
B4
318mm
30mm
15mm
12mm
C
360mm
385mm
18mm

鋸切**A**的斜邊時,若能預先製作一個L型的導尺,操作會變得非常簡便。以固定夾將導尺沿著鉛筆描畫的直線固定,鋸子貼著導尺邊緣推進即可。鋸切口以砂紙輕輕砂磨,也可以請建材量販店代為切割。

導尺

從**A**的下方開始,以鉛筆畫出螺絲的釘入位置,依次用螺絲固定好每一片層板。如果在內部放入一塊和層板間距等高的木板,位置就不容易偏移。夾在中間的木板其實是柳桉膠合板邊角的剩餘材料。另一側的**A**板也依相同方法安裝固定。

2 安裝裝飾板

裝飾板E與F的接合處。

15mm
15mm

E

45mm
18mm

E

G之上緣與E等高。
（較B1高出15mm）

G

D

裝飾板裝配圖

F

28mm

65mm
65mm

28mm

45mm

F C
C F
C D
F D

裝飾板F之下端。
裝飾板的斜向鋸切法請參照步驟
3。暗釘的藍色釘頭部分，待接合
處黏合劑乾燥後以鐵鎚敲掉即可。

POINT

側板**A**和裝飾板**D**的
斜面以鉋刀修平。加
工過程中，請多次用
手來回摩擦以確認表
面平整。

●順序

將裝飾板**D**一片片由內（靠
牆）至外固定在**1**的側板上
（最靠牆的那一片要超出外緣
15mm）。最靠前面的兩片裝
飾板**D**先臨時固定，等沿著**A**
的斜面畫好線並以鋸子鋸切好
之後，再正式固定。裝飾板**E**
和**F**，也需先畫線斜向鋸切，
讓兩片接合的部分密合，然後
由**F**開始以暗釘固定。使用經
水稀釋過的墨汁塗刷裝飾板
（背板**G**也要塗刷）。以釘子
將背板**G**一片片固定好（兩端
上方如圖鋸切出長15×寬
18mm的L型缺口）。待乾燥
之後，使用廢棉布將全部打上
一層薄薄的蠟，再以廢棉布擦
拭。

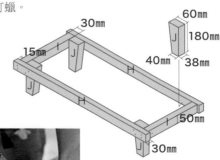

墨汁以約20倍的清水稀釋後
使用，每塗刷完一面需立刻以
廢棉布擦拭。

3 組裝置物架的柱腳

以框條**H**夾住框條**I**，每個接合處以兩根細螺絲固定，
作成框架。將加工好的柱腳**J**置於框架的內角中，分別
以兩根和一根釘子對腳之長邊和短邊進行固定。螺絲頭
以黑色的記號筆塗抹，柱腳以稀釋後的墨水塗刷，待乾
燥後打蠟。

30mm
60mm
15mm
J
J
180mm
40mm
38mm
H
J
J
50mm
H
30mm

4 將柱腳固定在層板架下

層板架底朝上倒置，將組裝好的柱腳部分放於其上。
柱腳部分的框架每條邊都以三根細螺絲固定，製作完
成。

以鉛筆在柱腳**J**上畫出斜向鋸切
的標記線，以固定夾固定好之後
再鋸切。鋸切時，需不斷在箭頭
標示的兩個方向上確認鋸刀沿著
標記線推進。

復古風置物架

製作：伊波英吉

●組件和材料
SPF 1×10 木料
- 頂板（19×235×470mm）…1 片
- 底板（19×235×470mm）…1 片
- 側板（19×235×872mm）…2 片
- 背板（19×235×910mm）…2 片
- 層板（19×235×432mm）…2 片

SPF 1×4 木料
- 裝飾板 A（19×89×600mm）…2 片
- 裝飾板 B（19×89×350mm）…4 片

SPF 1×3 木料
- 裝飾板 A'（19×63×650mm）…2 片
- 裝飾板 B'（19×89×370mm）…4 片
- 裝飾板 C（19×89×470mm）…1 片

螺絲
- 細螺絲（軸徑 3.3× 長度 30mm）…84 根

●其他需要準備的物件
電動起子機、線鋸機、鑽頭（2mm軸徑）、起子頭、鋸條、鋸子、釘槍、鐵鎚、木工曲尺、固定夾、砂紙（150號）、木工膠（白膠）、毛刷、廢棉布、塑膠手套等

●水性塗料（Country Life Colours：棕黑色、喀什米爾駝色、淺褐色／KANPE塗料）。

●家具蠟（BRIWAX：無色／GALLUP）。

置物架的上下部分以兩片不同大小的裝飾板包裹起來，兩片裝飾板的大小落差則巧妙地貼上線板來掩飾。整體作品洋溢著歐式的復古風味。

●線板
900mm線板準備2條，與圖片中相同或者相近的形狀皆可。作業過程中，依需要鋸切適當長度即可。

●鋸子用導尺
將木條放在導尺內的寬槽中，只要順著導尺兩側細槽使用鋸子，就可以準確地完成斜向鋸切。

木料裁切圖（長度單位為 mm）

SPF 1×10 木料（19×235×1820）2 片

側板	頂板、底板	層板	
872	470	432	×2

SPF 1×10 木料（19×235×910mm）2 片

背板	
910	×2

SPF 1×4 木料（19×89×1820mm）2 片

裝飾板 A	裝飾板 A	裝飾板 B	
600	600	350	×1

裝飾板 B	裝飾板 B	裝飾板 B	
350	350	350	×1

SPF 1×3 木料（19×63×1820mm）2 片

裝飾板 A'	裝飾板 A'	裝飾板 C	
650	650	470	×1

裝飾板 B'	裝飾板 B'	裝飾板 B'	裝飾板 B'	
370	370	370	370	×1

※裝飾板A、B、A'、B'的端面都將進行斜向鋸切，因此木料裁切時需比實際尺寸長約100mm。

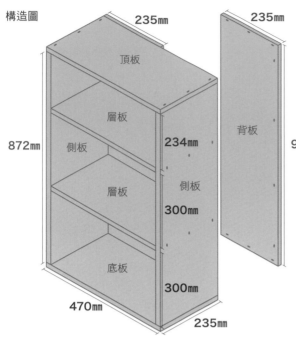

構造圖

235mm
235mm

頂板

層板

背板

側板

234mm

層板

側板
300mm

872mm

底板

300mm

470mm

910mm

235mm

1 組裝層板架

參照左圖，以1×10木料組裝層板架。以螺絲固定好頂板、側板、底板後，再固定兩片背板，兩片層板最後再固定。
※木板之間的接合處需塗抹木工膠，螺絲頭需埋入木板平面以下3mm，務必牢牢組合。

2 安裝裝飾板A & B

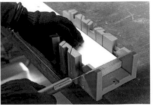

❶將B放入鋸子用導尺中，對一端的端面進行斜角45度鋸切。四片均以這種方法鋸切。

❷斜切面朝內，將B置於頂板和底板兩側的端面上，左右分別以三根螺絲在均等位置進行固定。由於B事先裁切得比較長，因此必須以斜面為準，臨時固定B，後面超出的部分以鉛筆作記號，再切掉多餘的部分。

❸固定裝飾板A。先測量出兩片B前端之間的距離，然後製作出兩端斜切且總長等於間距的裝飾板A。使用三根螺絲等距固定A。斜面端面相接的地方（轉角），如果有1至2mm左右的縫隙也沒關係。

5 完成製作

裝飾用的邊框轉角部分以鐵鎚輕輕敲擊，使轉角部分變得稍稍圓潤些。轉角處的縫隙和螺絲孔可以使用木工膠和切割木板時產生的木屑進行填充。然後整體進行砂磨、潤飾。

6 塗刷

❶先用棕黑色塗料對整體進行塗刷，待其風乾，再塗刷喀什米爾駝色，每塗刷完一面立即以廢棉布擦拭。

❷選擇部分區域塗刷淺褐色塗料，同樣以廢棉布立即擦拭。待塗刷面出現光澤之後，可全面上蠟，即完成作品。

3 安裝裝飾板 A'・B'

和A、B一樣，A'、B'（1×3木料）也依相同方法固定，形成兩層的裝飾邊框。將層板架正立於地板上，在這種狀態下固定A'、B'，可以確保A和A'、B和B'的背面是平整的。將用來掩飾落差的裝飾線板以木工膠黏貼，再使用釘槍加固線板。

POINT

斜向鋸切線板時，使用的導尺不同於2中的溝槽。這裡鋸片是由正上方豎直向下完成的45度斜切。

4 安裝裝飾板 C

使用鉛筆在裝飾板C上畫一條弧線，再以線鋸機沿線鋸切。鋸好之後以螺絲固定在置物架上方，對準左右側板各鎖入兩根螺絲。

07

杉木掛式置物架

製作：山下純子

●組件＆材料
杉木
・上層板（13×80×285mm）…1 片
・下層板（13×120×285mm）…1 片
・橫搭板（13×30×285mm）…1 片
・側板（13×100×300mm）…2 片

●其他需要準備的物件
電動起子機、修邊機、鑽頭（9.5mm軸徑）、鉋花直刀（6mm軸徑）、斜羽刀、鋸子、木工曲尺、固定夾、緊固夾、鑿子、砂紙（180號）、木工膠（白膠）、毛刷、廢棉布、塑膠手套、牙刷等

●清油（ARDVOS木器清油 平光／池田物產）。

此作品需要用到修邊機，製作難度相對高一點，但完成後，杉木柔順的木紋線條看起來相當漂亮。上方的橫搭板上雖然鑽了壁掛孔，但也可以直接將小架子放在地上，而且不使用螺絲和釘子，完全靠榫頭相接，適合技術熟練者來製作。

木料裁切圖（長度單位為 mm）

杉木（13×120×1820）1 片

※ 上層板縱切成 80mm 寬，橫搭板縱切成 30mm 寬，側板則縱切成 100mm 寬。

構造圖

横搭板
上層板
側板
80mm
下層板
120mm
300mm
100mm
側板

1 在側板上開槽

側視圖

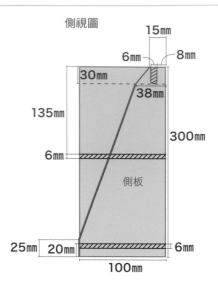

15mm
6mm
8mm
30mm
38mm
135mm
300mm
6mm
側板
25mm 20mm 6mm
100mm

❶請參照側視圖，使用鉛筆在側板上畫線
（注意左右對稱）。將兩片側板並排，先以
固定夾和緊固夾固定。將修邊機裝上鉋花直
刀和直線導尺，依照鉛筆線銑出溝槽（圖片
內的黑色斜線部分，寬6mm，深5mm）。並排
側板，一次性銑削好溝槽是此步驟的要領。

2 加工上下層板及橫搭板

❶將上下層板及橫搭板背面朝上
並排，先以固定夾和緊固夾固
定，不要讓木板之間出現縫隙。
使用安裝好鉋花直刀和直線導尺
的修邊機，對木板兩端進行銑
削，深度7mm，寬度5mm。因為
半槽銑得比較深，需要分成兩次
漸進銑削（請參照下圖）。

横搭板
上層板
下層板

調整銑刀伸出的長度，分兩
次進行銑削。第一次銑至
4mm深，第二次繼續銑入
3mm。如此一來，剩餘的
6mm寬度剛好契合1中銑削
出的溝槽寬度。

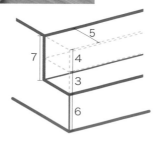

5
7 4
3
6

❷上方的溝槽（圖片內紅色斜線部分，寬
6mm，深5mm）是由內往外銑削而成的。修
邊機基座靠近身體的一側置於側板上（基座
另一頭向上翹起來），以此確定銑削之起始
位置，讓銑刀慢慢向側板外銑削。銑削時先
讓基座另一頭沿箭頭方向降下，一直到與身
體這一側在同一水平後，再向前銑削。

❸以鋸子鋸掉上、下層板正面的左右轉角。若要在橫搭板上開孔，此時可使用鑽頭在橫搭板上鑽出兩個孔。

❷下層板背面朝上以固定夾固定，分兩次用斜羽刀對外側進行銑削（銑刀向下伸出越多，銑削得越深，因此需事先將銑刀靠在木板邊緣目測，並調節其伸出長度）。上層板也需進行同樣加工。

第一次

第二次

3 鋸切側板，銑削邊緣

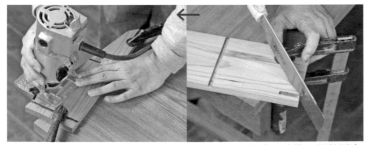

使用固定夾固定側板，以鋸子沿著線條鋸切。鋸切完一邊後，調整固定夾再鋸另一邊。用斜羽刀對側板正面的內外側進行銑削（側視圖的紅色兩邊）。

※上方的溝槽底部為圓弧狀，為了讓橫搭板能剛好嵌入，需用鑿子修整成直角。

4 組裝組件，進行塗刷

❶以砂紙磨平表面，在溝槽中塗抹好木工膠，開始組裝。滲出的木工膠需以牙刷沾水刷開，再以廢棉布擦掉。如果不這樣作，之後塗刷的清油會很難上色。

❷以緊固夾固定作品各部，待木工膠風乾後，使用毛刷塗刷清油，再以廢棉布擦拭。

08

掛式層板

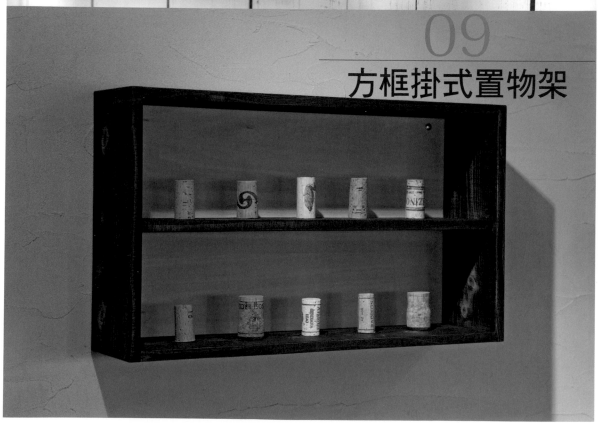

方框掛式置物架

以粗粒的砂紙在組件表面沿一定方向磨出許多凹槽，塗刷之後，作品表面就會呈現出有別於自然木紋的特別花紋。

製作：加生 亨

● 組件 & 材料

● 掛式層板

扁柏
- 層板（20×150×700mm）…1 片
- 支撐架（20×150×150mm）…2 片

螺絲
- 細螺絲（軸徑 3.3× 長度 35mm）…4 根

● 方框掛式置物架

扁柏
- 頂板（13×120×474mm）…1 片
- 底板（13×120×474mm）…1 片
- 側板（13×120×300mm）…2 片
- 層板（13×105×474mm）…1 片

椴木膠合板
- 背板（4×289×489mm）…1 片

螺絲
- 細螺絲（軸徑 3.3× 長度 30mm）…18 根
- 迷你螺絲（軸徑 2.0× 長度 20mm）…12 根

● 其他需要準備的物件（掛式層板）

電動起子機、線鋸機、修邊機、鑽頭（3mm軸徑、8mm軸徑）、起子頭、鋸條、斜羽刀、匙孔銑刀、圓木棒（直徑8×900mm，1條）、鋸子、鐵鎚、木工曲尺（或角尺）、固定夾、砂紙（40號、240號）、木工膠（白膠）、毛刷、廢棉布、塑膠手套等

● 其他需要準備的物件（方框掛式置物架）

電動起子機、修邊機、鑽頭（3mm軸徑、8mm軸徑）、起子頭、鉋花直刀、圓木棒（直徑8×900mm，1條）、鋸子、鐵鎚、固定夾、砂紙（40號、240號）、木工膠（白膠）、四方錐、毛刷、廢棉布、塑膠手套等

● 環保木器塗料（OSMO透明面漆：烏木色，OSMO普通面漆）。※方框掛式置物架僅使用烏木色透明面漆。

木料裁切圖（長度單位為 mm）

● 掛式層板

扁柏（20×150×1820mm）1 片

層板	支撐架	支撐架	
700	150	150	×1

● 方框掛式置物架

扁柏（13×120×1820mm）1 片

頂板	底板	側板	側板	
474	474	300	300	×1

※層板縱切為105mm寬度。

扁柏（13×120×910mm）1 片

層板	
105 / 474	×1

椴木膠合板（4×450×600）1 片

背板
289 / 489 ×1

●順序
參考圖示製作紙型,以鉛筆沿著紙型邊緣在組件上畫線。沿著線條以線鋸機進行鋸切,並使用固定夾固定。加工層板,以粗粒砂紙在組件上添加劃痕。使用軸徑8mm鑽頭在層板的螺絲位置鑽出深5mm之導孔,然後在導孔中心以3mm軸徑之鑽頭貫穿層板。在層板和支撐架的接合處塗抹木工膠,以四根細螺絲加以固定,然後使用圓木塞隱藏螺絲孔(請參照P.19),最後再以環保木器塗料全面塗刷。

掛式層板

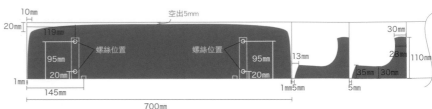

2 在層板和支撐架上添加裝飾劃痕

以40號砂紙在層板的正反兩面劃出垂直於木紋方向的痕跡(固定架固定好之後再進行)。只有向外推時用力磨,拉回則不磨。大約往前推出10cm,來回15次左右。變換固定夾位置,對層板整體添加劃痕,連側邊和支撐架的側面(內外兩側)也一樣,這些部位的劃痕方向應垂直於地面,而支撐架側面的劃痕應平行於地面。最後,再以240號砂紙對支撐架的轉角部分進行輕微的砂磨。

1 加工層板

❶對層板進行倒角(銑削稜角)。修邊機裝上斜羽刀(銑刀前端的刀口突出3mm,銑削深度可依個人喜好而定),除了靠牆的那一面,其它部位都進行倒角。

❷層板靠牆的那一面側面朝上,以固定夾和廢木將其固定。修邊機裝上匙孔銑刀(前端伸出7mm),銑削出兩個壁掛孔(兩個都分別距離兩端145mm)。按住底座將修邊機慢慢向前推進。

按住

層板

廢木

3 組合組件,全面塗刷

組合好之後,以烏木色透明面漆進行塗刷。放置約20分鐘,使用廢棉布輕輕擦拭(不要太用力)。為了突出色差,以240號砂紙輕輕摩擦轉角部位。最後,再用另外的毛刷沾上普通清漆全面塗刷一次,靜置20分鐘以廢棉布擦拭,完成作品。

●順序

將頂板、底板、側板靠牆的那一側，以修邊機銑削出一道能鑲嵌背板的溝槽。除了背板以外，所有組件的表面以及位於正面的側邊上都磨出劃痕（平行於各木板之短邊），再以烏木色透明面漆塗刷。參考圖示，依掛式層板的作法在螺絲位置鑽出螺絲孔，再以細螺絲固定，最後使用圓木塞隱藏。在背板嵌入溝槽的狀態下，先以四方錐鑽洞，然後利用12根迷你螺絲固定背板。

※木板之間的接合處需塗抹木工膠。

方框掛式置物架

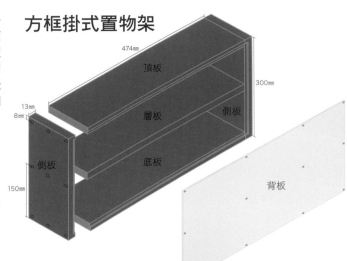

2 塗刷後再拼裝，並安裝背板

將塗刷好的材料板拼裝起來。層板離側板後端5mm以螺絲固定。從背後嵌入背板，以迷你螺絲固定，背板無需塗刷。作品完成後從正面觀看時，背板和其他木板之間形成的色差對比十分漂亮。

如何安裝至牆壁上

如果牆面是石膏板的，需要藉助石膏板專用錨栓將作品安裝到牆壁上。以十字螺絲起子將錨栓埋入牆面（兩處），圓頭木螺絲的釘頭剩下3mm不鎖入（針對掛式層板）。對於方框掛式置物架，同樣是對準埋入牆壁之錨栓，使用圓頭木螺絲從正面（上方兩處）穿過背板將置物架固定於牆上。

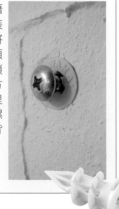

1 以修邊機銑削邊緣

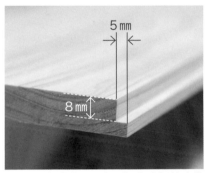

修邊機裝上鉋花直刀和直線導尺，在頂板和底板的邊緣銑削寬5mm，深8mm之半槽（嵌入背板的槽）。銑削時並非一次完成5mm，而是分為2mm、3mm兩次進行。

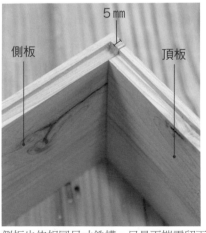

側板也依相同尺寸銑槽，只是兩端需留下5mm不銑。圖示為試組裝後的效果。

作家 file

靠背、椅面使用不同顏色的高背椅（右）。在拉門鑲板上規則地鑽出許多孔的特色木櫃（左）。

05
渡邊康之：nabu kagu
Address：神奈川縣川崎市高津區下野毛
3-14-41
Phone：044-811-9670
URL：http://www.nabu-kagu.com/

收納用手推車（右）和兒童椅（左）。二者均以美國松的舊木料結合仿古風格塗刷製作而成。

06
伊波英吉：THE OLD TOWN
Address：千葉縣印旛郡酒酒井町本佐倉 413
Phone：043-497-0666
URL：http://www.yoseue.com/

愛好者眾多的「雞蛋椅」坐起來感覺超舒適（右）。正六角柱狀的飯箱不光是小飯桌，其內部還可以收納餐具唷（左）！

07
山下純子：IROHANI 木工所
Address：東京都台東區谷中 2-15-13-1F
Phone：03-3828-8617
URL：http://irohani-moko.blogspot.com/

訂作的長型電視櫃（右）。除了大人用，也有專屬兒童的小號直背餐椅（左）。

08/09
加生 亨：家具工房 KASHO
Address：神奈川縣橫濱市青葉區寺家町 441
Phone：045-962-8796
URL：http://kasho.cc/

chair

椅子包括很多種類：有四方的椅面、圓形的椅面；有的有靠背、有的沒有靠背；有多人坐的、也有一個人用的……

椅子可依照製設計者的喜好作成不同的形狀和大小，可以說是自由度最高的家具。

在表面刻意添加些刮痕，然後再進行塗刷的雙人長椅，就是想表現出一種被主人常年使用的氛圍。

直背餐椅的皮革椅面令人印象深刻，將背板斜著安裝的小創意，就是為了讓坐椅子的人感覺更舒適、放鬆。

相同的椅子也可以同時作好幾把，也可以加些變化在其中，像是改變椅面的材質、顏色，換一換椅腳的顏色等，更讓我們樂在其中。

怎麼樣？試著探尋一下最適合自己的組合吧！

10
雙人長椅

利用鋸子和鐵鎚在表面留下許多傷痕，「破壞加工」是這款室內長椅的最大特色。組件數量較少，構造也簡單，卻有著足夠的厚重感。

木料裁切圖（長度單位為 mm）

SPF 2×6 木料（38×140×1820）3 片

椅腳	椅腳	椅腳	椅腳	內撐板	內撐板	
380	380	380	380	100	100	×1

座板	撐板	內撐板	
800	664	100	×1

座板	撐板	
800	664	×1

製作：犬塚浩太

●組件＆材料
SPF 2×6 木料
- 座板（38×140×800mm）…2 片
- 撐板（38×140×664mm）…2 片
- 內撐板（38×100×140mm）…3 片
- 椅腳（38×100×380mm）…4 片

螺絲
- 粗牙螺絲（軸徑 3.8× 長度 51mm）…36 根

●其他需要準備的物件
電動起子機、鑽頭（3mm軸徑、10mm軸徑）、起子
頭、圓木棒（直徑10×長度900mm，2條）、毛氈保
護墊、鋸子、角尺（或木工曲尺）、鐵鎚、固定夾、砂
紙（240號、400號）、木工膠（白膠）、遮蔽膠帶、
毛刷、廢棉布、塑膠手套等

●左：油性著色劑（油性著色劑：柚
木色／ASAHIPEN）
●右：油性清漆（油性酒精溶劑光
漆：黃褐色／ASAHIPEN）

2 組合組件

構造圖

座板

座板

撐板

椅腳

椅腳

30mm

椅腳

椅腳

❶在撐板兩端和中央位置放入內撐板，將其夾在中間。先以螺絲固定兩端的內撐板。分別從撐板兩面外側向內鎖入螺絲。鎖入螺絲前，先要在木板之間的接合面塗上木工膠。（以下亦同）

❷以鉛筆在中間位置的內撐板的側邊上畫一條中心線，和兩邊撐板的中心對準後，再鎖入螺絲固定。

1 事前準備

❶以鉛筆在組件的螺絲位置畫好標記（參照下圖）。

❷以鑽頭（10mm軸徑）在各組件的螺絲位置鑽出深10mm的導孔。建議在距離鑽頭前端10mm的地方纏上遮蔽膠帶，確保每個孔都是相同深度。在這些導孔底部中央位置再以3mm軸徑之鑽頭完全貫穿木板。椅腳請參照下圖進行鋸切。

●螺絲位置圖
※長度單位均為mm。在圖示所有的螺絲位置上依照 **1** 中所述順序，鑽出直徑10mm、深度10mm的導孔，然後再於每個導孔的底部中央位置用3mm軸徑之鑽頭貫穿。

座板螺絲位置（俯視圖）

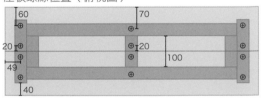

60　　70
20　　20　100
49
40

撐板螺絲位置（另一面撐板完全相同）

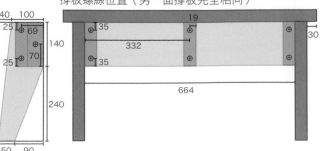

40　100
25　69
70
25
140
240
50　90

椅腳螺絲位置
（左右對稱各兩片）

19
35
332
35
30
664

3 進行破壞加工

在室外的路面上，用力蹭、磨長椅的轉角和表面，並以鐵鎚的邊緣任意敲擊座板，讓表面留下凹坑；或使用鋸子在座板表面留下鋸齒痕、鋸切掉小部分稜角，隨意進行一些表面破壞加工。完成後，以砂紙（240號）除去毛邊等，再對全體進行一次砂磨（400號）。

4 塗刷並風乾

整體塗刷著色劑，乾燥後再塗一次，乾燥後塗抹清漆。待清漆乾燥，以400號砂紙輕輕砂磨整體。使用廢棉布擦掉木屑粉塵，再一次塗抹清漆。待清漆完全乾燥後，在長椅的椅腳底部貼上毛氈保護墊即完成。

❸鎖上螺絲後，以鐵鎚朝螺絲孔內敲入圓木棒，接著緊貼木板表面鋸切掉多餘部分。
※插入圓木棒之前，在孔內先塗抹木工膠。（以下亦同）

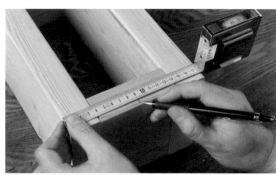

❹在兩端內撐板外側以鉛筆標出中線，對著中線放置椅腳，然後以螺絲固定。四支腳都固定好後，再使用圓木塞隱藏螺絲孔。

❺放上座板，座板超出兩端30mm的長度，確認好安裝位置後再以螺絲固定，接著使用圓木塞隱藏螺絲孔。

11

直背餐椅

利用不同長度的間隔套管將椅子背板斜著安裝是本作品一大特色。覆蓋真皮的座板沒有完全蓋住椅面，而是巧妙地在後方留下了一些空間。

製作：犬塚浩太

●組件&材料

SPF 1×4 木料
• 背板（19×89×330mm）…1 片

SPF 2×2 木料
• 前腳（38×38×420mm）…2 條
• 後腳（38×38×700mm）…2 條

白木
• 撐板 A（20×60×400mm）…4 片
• 撐板 B（20×60×233mm）…3 片

柳桉膠合板
• 座板（15×300×300mm）…1 片

螺絲
• 粗牙螺絲（軸徑 3.8× 長度 41mm）…2 根
• 粗牙螺絲（軸徑 3.8× 長度 32mm）…30 根
• 圓頭木螺絲（軸徑 4.1× 長度 12mm）…4 根
• 平頭木螺絲（軸徑 3.1× 長度 12mm）…8 根

●其他需要準備的物件

電動起子機、線鋸機、鋸條、鑽頭（3mm軸徑、10mm軸徑）、起子頭、圓木棒（直徑10×長度900mm，1條）、釘槍（強力型）、鋸子、木工曲尺、雙面膠帶、砂紙（240號）、緊固夾、剪刀、廢棉布、塑膠手套等 ※電動型釘槍也很便利

●椅面的材料（座板之外）。由右至左依次為皮革（500×500mm）、裝飾優力膠（310×310mm）、隔熱泡棉（310×310mm）、不織布（400×400mm）。

※這裡使用的隔熱泡棉的厚度為10mm，若改為20mm的也沒問題。至於真皮，只要選擇顏色和手感最符合自己的款式即可。

●L型固定片（豎孔），準備4個。

● 間隔套管，10mm和20mm共2種（直徑6mm）。

●家具蠟（BRIWAX：淺褐色／GALLUP）。

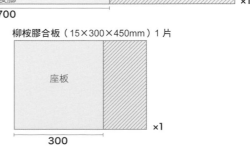

木料裁切圖（長度單位為 mm）

白木（20×60×1820）1 片

撐板 A	撐板 A	撐板 A	撐板 A		×1
400	400	400	400		

SPF 2×2 木料（38×38×1820mm）1 條

後腳	後腳		×1
700	700		

SPF 1×4 木料（19×89×910mm）1 片

背板		×1
330		

SPF 2×2 木料（38×38×910mm）1 片

前腳	前腳		×1
420	420		

白木（20×60×910）1 片

撐板 B	撐板 B	撐板 B		×1
233	233	233		

柳桉膠合板（15×300×450mm）1 片

座板		×1
300		

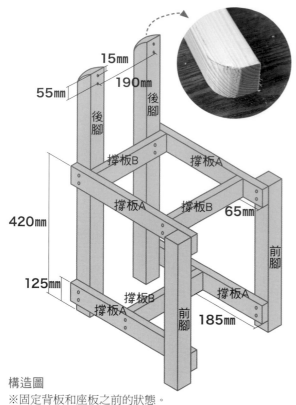

15mm
55mm
190mm
後腳
後腳
撐板B
撐板A
撐板A
撐板B
65mm
420mm
前腳
125mm
撐板B
撐板A
撐板A
前腳
185mm

構造圖
※固定背板和座板之前的狀態。

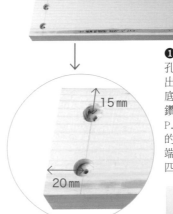

參照圖示將後腳的頂部以線鋸機鋸切出弧形。

1 組合椅腳

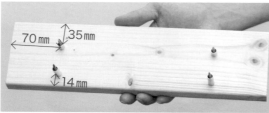

❶將撐板A（共四片）鑽孔。先以軸徑10mm鑽頭鑽出深10mm的導孔，再於其底部中心位置用3mm軸徑之鑽頭完全貫穿（請參照P.50）。每片撐板A從一端的表面鑽出兩個孔，從另一端的背面鑽出兩個孔，一共四個地方。

15 mm

20 mm

70 mm
35mm
14 mm

❷利用撐板A連接前腳和後腳，從螺絲孔中心以粗牙螺絲（32mm）固定撐板A。※鎖入螺絲前木板之間的接合處都需先塗抹木工膠（以下亦同）。

❹在背板正面的左右各兩處鑽孔，先以軸徑10mm鑽頭鑽出深10mm的孔，再於其底部中心位置以3mm軸徑之鑽頭貫穿。從背板正面上方兩孔中插入長32mm粗牙螺絲，下方兩孔則插入長41mm之粗牙螺絲。在突出背板背面的螺絲尖端套上間隔套管（短的套管在上，長的套管在下），對準後腳上的螺絲位置固定背板。所有的螺絲孔均以圓木塞隱藏（參照P.19），整體進行砂磨。

❸參照構造圖中的位置，將三片撐板B依照❶的作法先鑽出導孔，再用螺絲固定的方法固定在上、下撐板A之間以及兩條後腳之間。每處均使用粗牙螺絲（32mm）。

❷將轉角處的皮革朝座板中間拉，每個轉角以釘槍固定兩處。多餘的部分以剪刀裁剪，還有翹起的部分則以釘槍壓緊、固定。

❸先將不織布的四邊均向內側摺入10mm左右，蓋上不織布，再以釘槍固定四周。

❹將座板底面朝上平放於工作台上，再倒轉椅腳部分置於其上。參照圖示，在四個位置配備L型固定片。針對撐板**A**和撐板**B**，以平頭螺絲固定，再將座板以圓頭螺絲固定。

2 塗刷

以廢棉布沾取適量家具蠟塗抹整體，再以新的廢棉布仔細擦去，注意避免遺漏。

3 製作座板，固定椅腳

❶在四角已經圓角化的座板邊緣貼上雙面膠帶，鋪上隔熱泡棉，再於其上鋪設裝飾優力膠。先將皮革底面朝上展開，再將剛才製作的座板置於其上。向上翻摺皮革的四邊，以釘槍依中間至兩端的順序固定皮革（每條邊約釘五處）。

四個轉角的狀態。

12

燈心草方凳

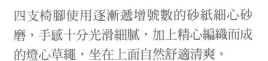
製作：迎山直樹

●組件&材料
SPF 2×2 木料
• 椅腳（38×38×400mm）…4 條

圓木棒
• 框條（直徑 15× 長度 300mm）…8 條

釘子
• 釘子（軸徑 1.2× 長度 10mm）…2 根

四支椅腳使用逐漸遞增號數的砂紙細心砂磨，手感十分光滑細膩，加上精心編織而成的燈心草繩，坐在上面自然舒適清爽。

●其他需要準備的物件
電動起子機、鑽頭（軸徑14.5mm）、鐵鎚、橡皮槌、木工曲尺、砂紙（180號、240號、320號、400號）、木工膠（白膠）、毛刷、廢棉布、塑膠手套等

●燈心草繩。準備粗5mm長50m的燈心草繩卷，因編織方法不同可能會出現繩子不足的情形，所以最好預備2卷，也可以用同樣粗細的棕櫚繩或紙籐等替代燈心草繩。

●清油（Planet Colour：無色光亮清油／Planet Japan）

木料裁切圖（長度單位為 mm）

SPF 2×2 木料（38×38×1820）1 條

椅腳	椅腳	椅腳	椅腳		×1
400	400	400	400		

圓木棒（直徑 15× 長度 900）4 條

框條	框條		×4
300	300		

1 在椅腳上鑽孔

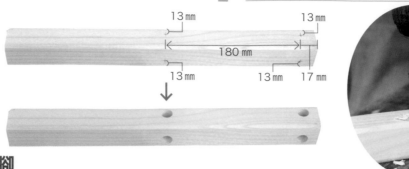

以軸徑14.5mm鑽頭在椅腳上鑽出深15mm的孔,並利用捲尺和木工曲尺標出鑽孔位置。在距離鑽頭前端15mm處以油性筆或者遮蔽膠帶標出記號,可以確保每個孔的深度都一致,四支椅腳都各鑽四個孔。※以固定夾固定椅腳,並藉助木工曲尺,一邊確保鑽頭垂直,一邊慢慢鑽孔。

3 組合椅腳

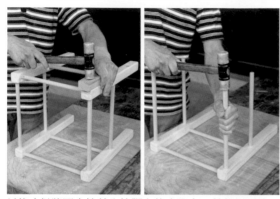

以橡皮槌將圓木棒敲入椅腳上的小孔中,敲擊側面時,應該墊一塊廢木。※圓木棒前端可以先以砂紙(240號)包裹著轉一轉,輕輕磨掉一點,這樣會更加容易插入。插入木棒前,要先在小孔中塗抹木工膠,若木工膠有滲出的情況,要以含水的廢棉布及時擦去。

2 砂磨椅腳

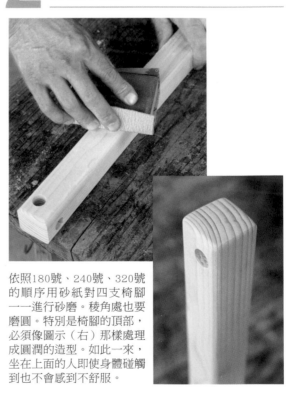

依照180號、240號、320號的順序用砂紙對四支椅腳一一進行砂磨。稜角處也要磨圓。特別是椅腳的頂部,必須像圖示(右)那樣處理成圓潤的造型。如此一來,坐在上面的人即使身體碰觸到也不會感到不舒服。

4 塗刷

以清油全面塗刷。為了表面平整,在清油半乾的狀態下使用砂紙(400號)進行一次全面砂磨,再以廢棉布擦乾淨。完全風乾(需大約一天)之後,再次塗刷清油並以廢棉布擦拭(這次毋需打磨),然後自然風乾。

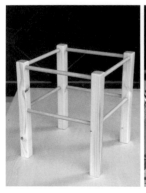

5 編織座墊

❷正放椅腳,將燈芯草繩依圖示順時針纏繞一周,繩子交錯編織時用力緊拉一下,防止繩卷散落(請參照本頁的POINT)。

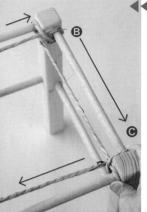
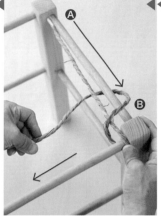
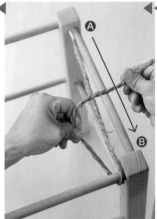

❶橫放椅腳,將燈心草繩的繩頭貼在圓木棒的一端(內側),再釘入兩根釘子固定。燈心草繩的繩頭要先以膠帶纏捲起來,防止繩頭鬆散。

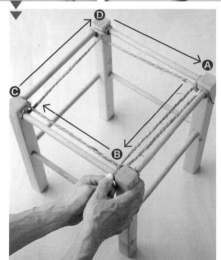

❸依相同方法繼續纏繞,繩子會一列列向內側推進,中央的正方形空白位置會越來越小。

❹捲到沒有縫隙可繼續纏繞時,將繩尾從座墊中央(外側)向內側插入,再穿過附近的繩子打好死結,結束編織。

POINT

繩子如果不夠長,就需要依圖示的方法打結,以接續上新的繩子。這種打結方法十分牢固可靠。

認真以手握住繩卷,慢慢穿插纏繞,避免其滑落散開。
如果不慎造成繩卷散開,繩子很可能纏繞在一起,導致難以順暢編織,因此需要十分小心。

作家 file

餐室餐桌（右）和長型廚櫃（下）。
休息室套椅（左）可變換擺放方法。

10/11/16～19
犬塚浩太：Inu It Furniture
Address：神奈川縣鎌倉市御成町 5-33
　　　　　（ROBII 鎌倉店）
Phone：0467-50-0182
URL：http://inuit.jp/

旅館裡的桌椅組（右上＆左）。
沙發可以和依其形狀製作的矮桌配套使用（右下）。

12
迎山直樹：smallaxe
Address：兵庫縣佐用郡佐用町乃井野
　　　　　1674-42
Phone：0790-79-2604
URL：http://small–axe.jp/

interior 家飾
●鏡框
●紅酒架
●隔屏

當家裡的木製家具逐漸增多，屋子裡的氣氛也會越來越溫暖。

像是鏡框、紅酒架等比較小的家飾，想讓它們自然融入屋內的整體環境中，總需要花費一番心思，除了綜合考慮空間的基調和基色、擺放的位置等，還得仔細確認塗刷的顏色。

一旦理解了鏡框的基本組裝方法，就可以隨心所欲地製作畫框、相框了。

兩種色調相映生輝的隔屏不只是一道「隔斷屏風」，作品面板上橫木條還可以用來擺放雜誌等，使得廣闊的平面獲得到了充分運用。

製作：吉野壯太

●組件＆材料(適合安裝 3×200×300mm 之鏡面)

桐木板
- 框條（大 13×100×490mm）…2 片
- 框條（大 13×100×390mm）…2 片
- 框條（小 13×45×420mm）…2 片
- 框條（小 13×45×320mm）…2 片

椴木膠合板
- 背板（4×205×305mm）…1 片

柳桉膠合板
- 導板（9×92×600mm）…2 片

※ 其他再準備 8 個 9×20×20mm 左右的木片（廢木也行）。

釘子和螺絲
- 平頭螺絲（軸徑 3.5× 長度 20mm）…14 根
- 浪形釘片（9mm×4 浪尖）…24 個

●其他需要準備的物件

電動起子機、修邊機、鑽頭（11mm軸徑）、斜羽刀、後鈕刀（軸徑10×長度10mm）、鐵鎚、木工曲尺、雙面膠帶、固定夾、砂紙（80、180號）、十字起子、木工膠（白膠）、漿糊、刮刀、遮蔽膠帶、毛刷、廢棉布、塑膠手套、細繩等

※立放時所需的小圓孔是以軸徑11mm鑽頭加工而成的。可將直徑12mm的圓木棒（長150mm）的前端以鐵鎚輕輕敲細，再插入下方的2個孔中。

要將鏡框掛在牆壁上時，會使用到鏡框背後橫貫左右的細繩。至於四角的圓孔，則可用來插入圓木棒，成為鏡框的支架立於檯面上，因此便能選擇橫放或是豎著擺放。

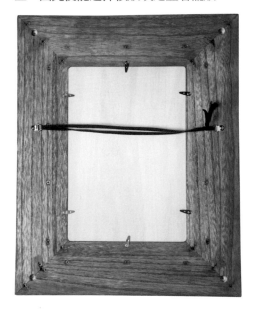

●壁掛時所需的三角掛鉤（左，穿細繩）和固定背板時的固定釦件（右）。

● 油性著色劑（油性著色劑：胡桃色／ASAHIPEN）

●捆綁帶和固定用五金件。

木料裁切圖（長度單位為 mm）

桐木板（13×100×910）3 片

框條（大）	框條（大）
490	390	×2

框條（小）	框條（小）
420	320	×1

45 / 45

椴木膠合板（4×300×450mm）1 片

背板
205 / 305 ×1

柳桉膠合板（9×300×600mm）1 片

導板
導板
92 / 92 ×1

※框條（小）需縱向鋸切成寬45mm。

框條（大）加工圖

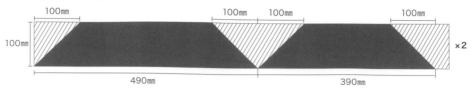

100mm　　　　　100mm 100mm　　　　　100mm

100mm

490mm　　　　　　390mm　　　×2

框條（小）加工圖

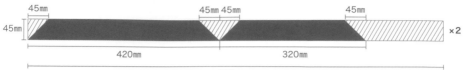

45mm　　　　45mm 45mm　　　45mm

45mm

420mm　　　　　320mm　　　×2

910mm

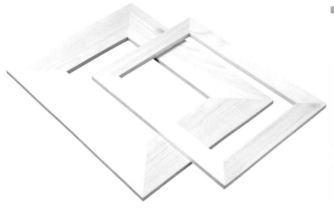

1 組裝邊框

在框條（大）的接合處塗抹木工膠，黏貼起來。以捆綁帶固定框架，靜置四至六小時。捆綁帶綁定之後，帶子和邊框之間需插入木片（參照圖示，周圍共八處），使周圍向中央擠壓的力相對均一。建議可以事先臨時組裝一下框條，用捆綁帶繞邊框四周一圈，然後固定捆綁帶頭尾，先作成一個適當大小的圓圈。小框條也依相同方法固定成四方的邊框。

2 銑削邊框外緣

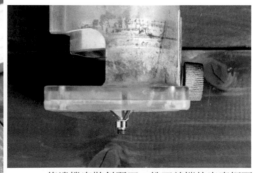

修邊機安裝斜刃刀，銑刀前端伸出底板面6mm（不包括培林）。邊框（大）表面向上以固定夾固定，再用修邊機對各框條外緣進行45度斜角銑削。小邊框也依相同方法對外緣進行銑削。

6 隱藏縫隙

隱藏後 ← | → 隱藏前

↑

將砂磨大小邊框時產生的木屑和等量的漿糊混合在一起，這種混合物就成了特殊的填縫膠。先在縫隙的周圍貼上遮蔽膠帶，然後再以刮刀將填縫膠填入縫隙之中。除去遮蔽膠帶，填縫膠乾燥硬化之後，再以180號砂紙稍作砂磨。

7 塗刷塗料，安裝固定釦件

使用毛刷對鏡框整體塗刷一次著色劑，再以廢棉布擦拭。放置30分鐘後，再塗刷、擦拭一次。將鏡框背面朝上平放，以十字起子將固定背板用的固定釦件和掛牆時用到的三角掛鉤一併鎖好。放入鏡子，嵌入背板，將繩子穿過兩個三角掛鉤即完成。

3 固定邊框，砂紙砂磨

使用浪形釘片分別從背面對大小邊框的四個接合處進行加固，每個接合處都釘入三個釘片（釘片間距可參照本頁步驟**5**中的圖片）。以80號砂紙輕輕對大小邊框進行整體砂磨，再以180號砂紙潤飾。被銑削成45度的斜面，可以用相同寬度的廢木以180號砂紙包裹進行砂磨，如此效果會特別漂亮。椴木膠合板（背板）的四個角也需用80號砂紙砂磨圓潤。

4 銑削邊框（大）內緣

邊框（大）背面朝上放置，將兩片導板先放在兩邊相鄰的框條上，並對齊外緣，以固定夾分別固定。利用後鈕刀（設置銑削深度為7mm）對導板下的框條內緣進行銑削。培林緊貼導板側面，有了導板相助，銑刀可準確地銑削固定寬度（8mm）。兩邊都銑削好之後，調整邊框位置，以同樣方法對其餘兩邊進行銑削。

5 固定兩個邊框

邊框（大）表面向上放置，在小邊框的背面貼上雙面膠帶，然後疊放在大邊框上。重疊時儘量讓兩個邊框的接合處對齊。接著將黏好的邊框翻過來，如圖示，以平頭螺絲於14處進行固定（先以四方錐鑽好引孔）。最後使用鑽頭（軸徑11mm）在四個角上鑽出深度為6mm的孔（立放時所需的支架孔）。

14

紅酒架

紅酒架托板上的圓弧其實也可以直接鋸切成
Ｖ字型，但好像有點乏味呢！不如花點功
夫，將凹陷處切削成柔美的弧形，看起來就
優美多了！

製作：岡野聰彥

●組件＆材料
松木集成材
• 托板（18×30×300mm）…4 片
• 柱腳（18×33×190mm）…4 片
• 連接板（18×18×180mm）…4 片
• 廢木 A（18×85×300mm）…1 片
• 廢木 B（18×85×100mm）…2 片

MDF（密迪板）
• 治具板（5×120×400mm）…1 片

螺絲
• 細螺絲（軸徑 3.3×長度 25mm）…16 根

●其它需要準備的物件
電動起子機、修邊機、鑽頭（3.5mm軸徑、10mm軸
徑）、鉋花直刀（軸徑10mm）、¼R刀（1分）、修邊
刀（刃長20mm）、鋸子、螺絲起子、弓鋸、固定夾、
鐵鎚、角尺、四方錐、雙面膠帶、砂紙（180號）、木
工膠（白膠）、毛刷、廢棉布、塑膠手套等

● 油性著色劑（油性著色劑：紅木色／
ASAHIPEN）

●水性清漆（水性優力膠清漆：
無色透明／和信塗料）
●木塞，直徑10×長度30mm，
用於隱藏螺絲頭。

木料裁切圖（長度單位為 mm）

松木集成材（18×450×600）1 片

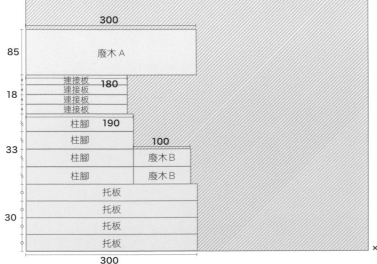

MDF（5×300×400）1 片

※剩餘的松木集成材加以利用，可以製作兩個
紅酒架。

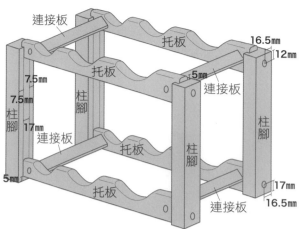

連接板

托板

托板

16.5mm

12mm

5mm

連接板

7.5mm

柱腳

柱腳

7.5mm

17mm

連接板

托板

柱腳

柱腳

5mm

托板

連接板

17mm

16.5mm

構造圖

1 製作治具，準備修邊機

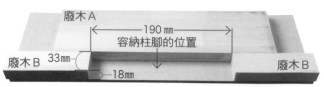

廢木A

190 mm

容納柱腳的位置

廢木B

33mm

18mm

廢木B

❶參照圖示，將廢木A、B以雙面膠帶黏貼在治具板上，製作好銑削柱腳的治具。

❷為修邊機安裝鉋花直刀和直線導板（銑刀前端伸出3mm）。將導板的引導面（請參照P.92）離開銑刀的中心，距離調整為20.5mm。

3 重新製作治具，切削托板

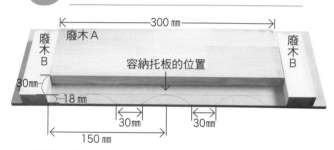

300 mm

廢木A

廢木B

廢木B

30mm

容納托板的位置

18 mm

30mm

30mm

150 mm

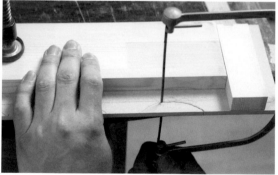

❶參照上方示意圖，製作一個可放入托板的治具，以鉛筆畫出與紅酒瓶弧度相吻合的弧線。利用較大的瓶蓋等物品輔助畫線，再以弓鋸鋸切掉弧形內側的部分。

❷使用裹在圓木棒上的砂紙砂磨鋸切口，比照畫線將每個弧形都磨得圓潤光滑。將治具上的弧形當成規尺，利用它將弧形先後複製到四片托板上，同樣都以弓鋸進行鋸切。

2 銑削柱腳

腳

20.5mm

將紅酒架的柱腳（下面貼好雙面膠帶避免滑動）放在治具上，以固定夾固定廢木B。利用修邊機銑出一道溝槽（左側上圖）。調換木板方向，重新固定（同一面），再銑一次槽，完成寬18mm的溝槽，四支柱腳都依照這種方法加工。

6 組件標上印記，以鑽頭鑽孔

柱腳

托板

將紅酒架的柱腳有槽的那一面向下，如圖示在上面作標記，托板也同樣於外側的一面作標記。所有的標記處都先以軸徑10mm鑽頭鑽出7mm深的孔，再於孔底中心位置改用軸徑3.5mm的鑽頭完全貫穿（請參照P.50）。連接板兩端側邊的中心位置，先以四方錐鑽出深2mm的引孔，然後再以砂紙砂磨各組件。

7 以螺絲固定各組件

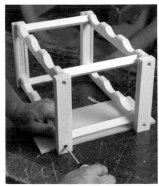

使用起子將托板和連接板固定（連接板將稜角朝上固定）。利用鐵鎚將圓木塞敲進孔中，露在孔外的剩餘部分以鋸子貼著板面鋸掉，再以砂紙砂磨平整。所有的木板與木板組合以及隱藏圓木塞前都需塗抹木工膠。將托板嵌入柱腳的溝槽中，以螺絲固定，同樣以圓木塞隱沒螺絲孔。

塗刷的順序

使用毛刷塗刷著色劑，再以廢棉布擦拭。乾燥之後輕微砂磨，避免讓表面掉色，接著塗刷清漆。待清漆乾燥後，再次輕輕砂磨，再塗刷一次清漆。

4 銑削托板①

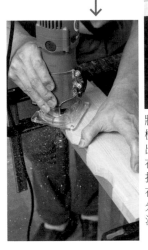

將托板重疊在治具上，修邊機安裝修邊刀，調整銑刀伸出長度，直到培林面完全貼在底部木上。以修邊機銑削托板的弧形時，可以將剩餘在弧形畫線內的少許多餘部分銑削乾淨，將弧形切得和治具一模一樣。

5 銑削托板②

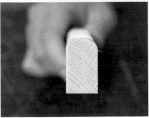

修邊機安裝¼R刀和直線導板，讓銑刀的前端實際碰觸托板上方的直角處，調整至剛好能切出等同圓弧面半徑的位置，而培林面應和直線導板的引導面位於同一平面，這兩方面確定好之後，固定直線導板與銑刀。從一端到另一端對安裝在治具上的托板進行銑削。藉助直線導板，修邊機可以筆直前行，因此只有直線邊緣會被圓弧面銑刀削去。將托板翻面，依同樣方法銑削，四片托板都以同樣方式加工。

製作：藤牧敬三

●組件＆材料

SPF 1×4 木料
- 壁板（19×89×1500mm）…3 片
- 壁板（19×89×1480mm）…1 片
- 壁板（19×89×1680mm）…1 片
- 壁板（19×89×1580mm）…1 片
- 支撐腳 A（19×89×310mm）…2 片
- 支撐腳 B（19×43×305mm）…4 片

SPF 2×4 木料
- 支撐腳 C（38×89×360mm）…2 片

SPF 2×2 木料
- 橫木條（38×38×528mm）…4 條
- 橫木條（38×38×446mm）…1 條
- 背面橫條（38×38×528mm）…2 條
- 背面橫條（38×38×446mm）…1 條

扁柏
- 擋板（6×6×528mm）…4 條
- 擋板（6×6×446mm）…1 條

釘子和螺絲
- 粗牙螺絲（軸徑 4.2×75mm）…8 根
- 黃銅螺旋釘（軸徑 1.8× 長度 32mm）…112 根

兩組支撐腳緊緊夾住隔屏主體，使得整件作品穩穩直立。帶有擋板的橫木條上可以擺放明信片或者書籍、小物等。

●其他需要準備的物件

電動起子機、修邊機、鑽頭（2mm軸徑、4.5mm軸徑）、起子頭、¼R刀、鐵鎚、木工曲尺、固定夾、緊固夾、砂紙（150號）、木工膠（白膠）、毛刷、廢棉布、塑膠手套等

●清油（WATCO清油：墨黑、胡桃色／北三）

木料裁切圖（長度單位為 mm）

SPF 1×4 木料（19×89×1820）6 片

壁板	支撐腳 A	×2
1500	310	

壁板	支撐腳 B	×1
1500	305	

壁板	支撐腳 B	×1
1480	305	

壁板	×1
1680	

壁板	×1
1580	

SPF 2×2 木料（38×38×1820）2 片

橫木條	橫木條	背面橫條	×2
528	528	528	

SPF 2×4 木料（38×89×910）1 片

支撐腳 C	支撐腳 C	×1
360	360	

SPF 2×2 木料（38×38×910）1 片

橫木條	背面橫條	×1
446	446	

扁柏（6×6×1800）2 片

擋板	擋板	擋板	×1
528	528	528	

擋板	擋板	×1
528	446	

※43mm寬度的支撐腳B是直接將89mm之1×4木料鋸切成兩半而成。（使用的鋸刀厚度會影響腳B的寬度，但誤差可以在1mm左右。）

正視圖　　　側視圖

1680　1500
1580　　1480
1500　　　1500

| | | |
135
② | | |
210
③ | | |
210
① | | |
235
④ | | |
390
A
⑤ B　　　B
A
18　　　18
C　　C

1500　55
20　　20
正面　20
755
20
20　　20
20
A
20
20　2
C
136 89 135

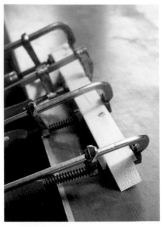

1 為橫木條安裝擋板

在扁柏擋板的一面塗抹木工膠，再安裝至橫木條邊緣。依圖示以四個固定夾固定約30分鐘，五個擋板均如此操作。

2 砂磨各組件

使用150號的砂紙砂磨所有組件各面，同時別忘了倒角。

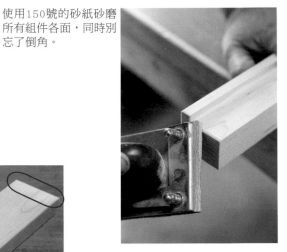

3 修圓隔屏支撐腳

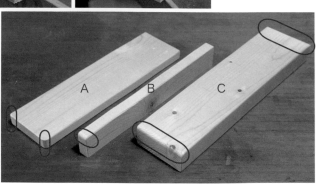

修邊機安裝¼R刀，對支撐腳A、B、C的轉角（紅框部分）進行圓角銑削，銑削完畢之後以砂紙輕輕砂磨。
※銑刀前端貼著組件的轉角，調整至可以將轉角銑削成圓弧形狀的位置後固定。

5 塗刷

於支撐腳、橫木條、背面橫條塗刷胡桃色的清油，再以廢棉布擦拭。壁板需塗刷墨黑色的清油，同樣要及時擦拭與乾燥。

6 將橫木條和背面橫條安裝到壁板上

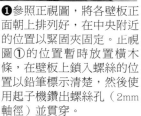

❶參照正視圖，將各壁板正面朝上排列好，在中央附近的位置以緊固夾固定。止視圖①的位置暫時放置橫木條，在壁板上鎖入螺絲的位置以鉛筆標示清楚，然後使用起子機鑽出螺絲孔（2mm軸徑）並貫穿。

❷在①的位置上放好橫木條，兩端使用固定夾固定，以防翻轉壁板時發生移位。沿著先前鑽好的螺絲孔從壁板內側依次鎖入黃銅螺旋釘，以固定橫木條。依同樣方法，依次固定②至⑤之橫木條，兩片背面橫條也需細心固定。背面橫條和①相反，是從壁板正面釘入螺絲。將組合好的整塊壁板插入支撐腳之後，作品即告完成。

4 組裝支撐腳

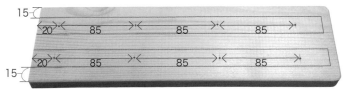

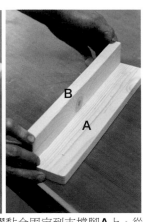

❶將兩片支撐腳B以木工膠黏合固定到支撐腳A上。從A側各釘入四根釘子加固。（參照上方的尺寸圖，先在腳A上標示釘入釘子的位置和安裝腳B的位置）。

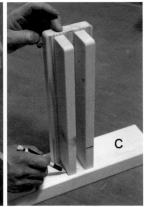

❷將作好的組件置於支撐腳C上，以鉛筆標示安裝位置。在安裝框內鑽出四個螺絲孔（軸徑4.5mm）並貫穿，再以粗牙螺絲固定，共製作兩組。

作家 file

餐具和餐桌（右）、長型電視櫃（下）、放在桌子上的書和瓶子
都是木質的手工作品（左）。

13

吉野壯太：F WOOD FERNITURE

Address：琦玉縣入間市花之木 107
Phone：04-2936-5301
URL：http://www.f-wood.com/

湯匙架（右上）的背板上特意裝飾了木製的世界地圖。層板式書
架（右下）和寫字檯、椅子（左）。

14

岡野聰彥：Hudson River Wood Crafts

Address：東京都世田谷區大藏 1-15-5
Phone：03-3749-8169
URL：http://www.hudsonriverkagu.com/

※15／藤牧敬三（請見 P.24）

cutlery

餐具
- 小木匙
- 奶油抹刀
- 小木碟
- 麵包砧板

小板……要說它們是「家具」，雖然有幾分牽強，但我們依然值得動手作一作這些木製餐具，親身體會其溫潤質感。這裡用到的材料是初學者也能輕易加工的柚木，只需以弓鋸沿著紙型鋸切出雛型，然後再利用小刀慢慢切削精修即可。

切削的過程是一項只要足夠專心就能完成的愉快工序，在小刀切削木頭的沙沙聲中，或許就能體會到暫時脫離世俗喧囂的清淨和愉悅。

木匙、奶油抹刀、麵包砧

以核桃油塗抹出自然風情

以柚木製作出的樸實木製餐具，最後再以核桃油塗抹表面，作為潤飾。市面上雖然有現成的核桃油，但其實可以自己製作，只需打開核桃，多次敲擊果肉，核桃油就會慢慢滲透出來。經過如此潤飾的餐具不只色澤漂亮，還會散發出天然的核桃香味。

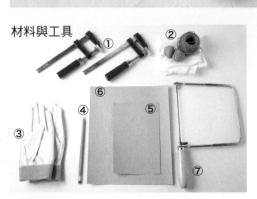

1.以木槌敲開核桃。

2.以廢棉布包裹核桃仁，束成一個小圓袋。

3.木槌從棉布包外側開始敲擊，邊敲邊轉動小圓袋，油會漸漸滲透出來。

4.讓核桃仁繼續留在小圓袋內，利用浸濕棉布的油分直接塗抹於餐具表面。

材料與工具

① 固定夾
② 核桃· 細繩· 廢棉布
③ 厚工作手套
④ 鉛筆
⑤ 紙型 （厚紙板即可）
⑥ 砂紙 （120 號 & 600 號）
⑦ 弓鋸
其餘還會用到小刀· 圓口雕刻刀· 木槌·
電動起子機· 鑽頭 （軸徑 18mm） 等

小刀（上）· 圓口雕刻刀（下）
小刀在建材量販店等地方就能購得，約2000日圓。圓口雕刻刀約需1500日圓，選購便宜的產品即可。

持握方法
以慣用的那隻手持握刀柄，切記不要將手掌或手指放在刀口切削之前方，非慣用的那隻手應該戴上手套。

製作：犬塚浩太

16|小木匙

● 柚木　10×40×200mm

製作一把像小樹枝般的砂糖匙吧！
熟練之後，還可以挑戰舀咖哩或燉菜的大杓子唷！

切割至匙柄的中間位置
即往外鋸切，再從另一
邊往中間鋸切，切去多
餘部分。分批切割能使
操作變得比較簡單。

鋸切單邊之後，另外一
邊也依相同的方法進
行。

鋸切完成，保留小木匙
前後兩端的把手部分，
再開始進行切削。

將匙身背面削圓。先朝
著把手慢慢削去左右的
稜角，這樣效率較高。
反覆運用慣用的手和另
一隻手的大拇指配合著
推動刀刃向前切削。

將小木匙反轉，改為從
匙身前端開始切削，直
到將匙身部分厚度切削
為2至3mm。開始切削
時，可以稍微粗略地進
行，呈現出杓身的圓弧
雛形後，就需要放慢動
作，謹慎運刀了。

先製作好小木匙的紙型，將紙型放在木板上，勾勒出小
木匙輪廓。小木匙前後兩端的木板會作為切削時的把
手，需先行保留。○部分留下，×部分切除

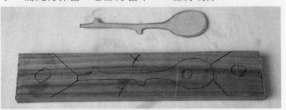

將固定夾固定於木板的
兩端，以圓口雕刻刀慢
慢掏圓小木匙的凹陷匙
身。匙身中央部分最深
約5mm。中途可鬆開固
定夾，將木板調整至方
便切削的方向。

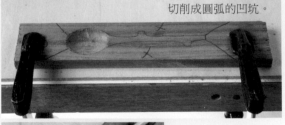

切削成圓弧的凹坑。

加強匙身周圍的鉛筆印
跡，線條加粗至2mm左
右。

以弓鋸進行鋸切，稍稍
靠線條外側切割。切割
過程中，注意鋸條始終
保持一定的角度。

交替切削匙身和柄,維持整體平均。

從側面平視,削成如圖即可。

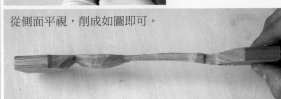

利用固定夾固定把手,以弓鋸沿著杓身前端的鉛筆痕跡鋸切。杓柄一端的把手也依相同方法鋸掉,再以小刀修整鋸切口。

先以120號砂紙打磨小木匙,盡量磨得圓潤光滑,最後使用600號砂紙精細砂磨。

以乾燥的廢棉布擦掉留下的木屑,再塗抹核桃油,製作完成。

匙身切削得差不多之後,開始切削柄的部分,細心地削掉兩邊的稜角。

柄的背面也一樣切削。

切削匙身表面的外緣。

轉個方向切削同一部位。從側面平視,匙身與柄相接部位應該要稍稍有些弧度。

切削到一定程度之後,用手指確認一下勺身部分的厚度(理想厚度是2至3mm)。

細緻地切削突起部分。

17|奶油抹刀

● 柚木　5×40×250mm

整體僅使用小刀切削而成，不需使用圓口雕刻刀，
所以製作起來比小匙更加簡單。紙型主要參照划船之船槳的外形製作而成。

切削、修整抹刀前端至
刀柄的部分。

削掉抹刀柄部分的稜
角。

最後，改持另一邊的把
手進行微調、修整，維
持整體的均衡。完畢後
以弓鋸鋸掉兩端把手，
接著整體砂磨，塗抹核
桃油即製作完成。

將版型勾勒至木板上。

以弓鋸沿著鉛筆線條外
側鋸切，和製作小木匙
一樣，保留兩端的把
手。

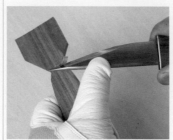

從前端開始切削，先朝
著把手慢慢削去左右的
稜角，背面也像表面一
樣切削。

切削抹刀前端時，注意
邊緣需呈圓弧形。

抹刀前端的部分切削完
成。

82

18│小木碟

● 柚木　15×65×150mm

盛放奶油的小木碟，也可以用來裝小菜哦！
切削時隨時兼顧整體平衡，是順利完成的最大訣竅。

先削掉小碟子背面的稜角，再慢慢延伸至整體。由於切削的面積比較大，需要一邊變換角度，一邊切削。

兩端朝上切削修整。

以手觸摸看看，除了小木碟底部之外，周邊的厚度要約3至4mm。背面中心部位不用切削，如圖保留橢圓形平面，碟子才能平穩擺放。

以砂紙細心砂磨。

將作品表面磨到非常光滑，再塗抹核桃油即製作完成。

以固定夾固定住已經畫好紙型輪廓的木板，開始以圓口雕刻刀自小木碟內側沿著鉛筆線進行切削。

中心位置削切到適當深度，最深處約是10mm。

小木碟內側削切完畢。

使用鉛筆加粗邊緣線條，線條粗約2mm，以弓鋸沿著線條外緣進行鋸切。

鋸切完成。

19│麵包砧板

● 柚木　10×100×300mm

這是一款大小適宜用來切麵包的砧板，尺寸可自由發揮。
示範作品以軸徑18mm的鑽頭鑽了一個圓孔，作為裝飾。

鑽圓孔時分別從表面和背面各鑽入一半，可以避免在任
何一面出現毛邊，而且孔壁也較乾淨圓潤。

以小刀修邊，要不斷變
換位置角度，將整個邊
緣均勻切削。

鑽頭鑽穿的圓孔邊緣也
需以小刀的刀尖進行切
削，讓弧度圓順。

切削完成後，先後以
120號和600號的砂紙
進行砂磨。

砂磨成如圖的程度後，塗抹核桃油即製作完成。

將紙型輪廓勾勒到木板
上，再使用弓鋸沿鉛筆
線鋸切。

要一次整體鋸切較為困
難，最好分塊鋸切。先
鋸掉一塊，再鋸相鄰的
一塊。

鋸完一側之後，再鋸相
對的另一側。

為了美觀，在麵包砧板
的一端鑽一個圓孔。先
鑽入至板子的一半，僅
讓鑽頭先端穿透木板。
作業時，建議先在木板
下面鋪一塊廢木板，並
使用固定夾固定。

鬆開固定夾，將木板另
一面朝上重新固定。對
準先前鑿穿的孔，鑽頭
從背面向下將圓孔徹底
貫穿。

基本用具
電動工具

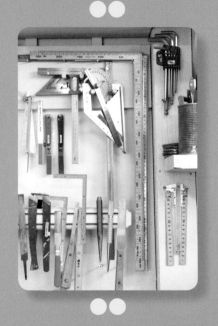

正確測量·筆直畫線·漂亮切削，
不歪斜地組裝·無斑駁的完美塗刷……

這一切離我們並不遙遠！只要選擇恰當的工具，
細心操作，就能一步步邁向職業級水準！

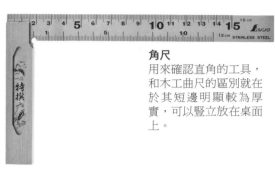

角尺
用來確認直角的工具，和木工曲尺的區別就在於其短邊明顯較為厚實，可以豎立放在桌面上。

確認直角
兩片木件需直角固定時，需要依圖示那樣，在臨時固定狀態下，先貼靠角尺或木工曲尺進行確認。

止型定規
確認直角和45度角的工具，比木工曲尺能更輕易畫出45度斜線。建議讀者同時配有角尺和止型定規。

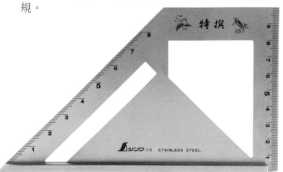

測量・畫線

捲尺
也叫「鋼捲尺」或「量尺」，主要用來測量直線距離，有固定鈕的捲尺用起來更方便。

金屬直尺
進行木工製作時，常備一條60cm的金屬直尺會非常便利。不光用於畫直線，由於是金屬材質，還能當作導尺來輔助切割。

矩

短邊

木工曲尺
它可以輔助畫出直角線、平行線，還有45度斜線等。較長的一邊稱作「長邊」，較短的一邊稱作「短邊」，轉角部分即為「矩（直角）」。長邊為30cm之曲尺最為好用。

長邊

夾緊・固定

F型固定夾（F夾）
將材料固定在操作台上，或是使用木工膠黏合組件時，需要組件之間相互緊貼等情形，都會用到F型固定夾。在操作電動工具時更是必備品，建議至少準備6個左右。

緊固夾
緊固力比F型固定夾略差，但在固定較寬的組件時，緊固夾則是絕對的利器。和F型固定夾一樣，常常需要多個配合一起使用。

鎖緊

十字起子（上＆下分別為1號＆2號）
根據起子頭大小，十字起子一般可分為0、1、2、3、4號。螺絲頭的溝槽越大，就對應使用號數越大的起子。市售的多用螺絲起子雖然有其便利性，還是建議單獨選購常用的1號＆2號十字起子。

多用螺絲起子
因為可以隨意更換起子頭，使用起來十分方便。

鋸切

雙面鋸
鋸子兩面具有縱開及橫斷的兩種鋸齒，順著木纖維鋸切時用「縱開齒」，垂直或斜向於木纖維鋸切時則用「橫斷齒」。

鋸齒細而密的一面是「橫斷齒」，使用前宜先作確認。

順利鋸切的要領
開始鋸之前，先向前推鋸兩至三次開一個溝槽。有了這道小溝槽作導引，鋸刀就不會亂彈動了。

鋸切過程中鋸刀建議保持在30度左右，以手或腳固定住被鋸切的木板防止其亂動，也可以使用固定夾來協助。鋸子鋸切木板過程中應該稍稍用力，即將鋸斷時，建議用手扶住快掉下來的一側。

弓鋸
鋸切曲線時會用到弓鋸，基於安全考量，不用時可卸下鋸條，或者將鋸齒口調向內側。弓鋸的鋸條可以更換。

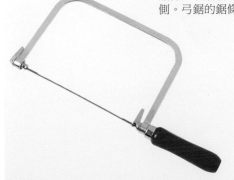

敲打

鐵鎚（雙頭鐵鎚）
有分平的一頭與稍微鼓起的另一頭。使用鐵鎚釘釘子時，先用平的一頭，快要完全釘入之後，再改用稍微鼓起的另一頭。

橡皮槌
由於是橡膠製成，敲擊後不會在材料上留下傷痕。

釘衝
釘入釘子之後，若想進一步將釘頭搥入木板，可使用釘衝頂住釘頭，然後以鐵鎚敲打其上部。

鉋削

替刃式鉋刀
鉋刀是用來鉋削木料調整長短、鉋平木料表面的工具。替刃式鉋刀具的優點是，只要覺得鉋刀鈍了，重新更換新刀片即可，很適合初學者使用。

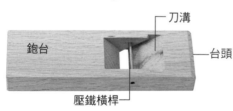

刀溝
鉋台
台頭
壓鐵橫桿

替刃式刀片　鉋刀片
壓鐵

鉋刀片和壓鐵的取卸方法

想要退刀時，以鐵鎚敲擊台頭即可，而想要進刀則以鐵鎚敲擊鉋刀片的頂部。

※如果不是替刃式，而是傳統的單刃鉋刀的話，壓鐵和鉋刀片都需要定期進行專業的研磨。

砂磨

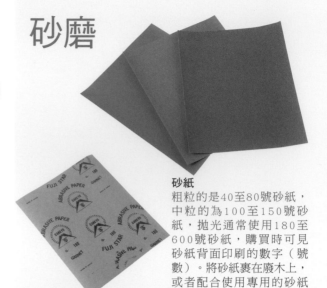

砂紙
粗粒的是40至80號砂紙，中粒的為100至150號砂紙，拋光通常使用180至600號砂紙，購買時可見砂紙背面印刷的數字（號數）。將砂紙裹在廢木上，或者配合使用專用的砂紙架，砂磨工作會變得相當輕鬆。

撕開砂紙時的注意事項
砂紙背面朝上平放，靠著直尺或木工曲尺再撕開。因為砂紙會損傷刀口，不建議使用剪刀剪開。

砂紙架
可緊扣住砂紙進行砂磨。

捲筒型砂紙托架
拉出捲筒狀的砂紙即可使用。

■螺絲

本書使用的木螺絲主要有兩種，分別被稱為粗牙螺絲和細螺絲。若使用電動起子機來鎖緊木螺絲，操作效率會大大提高。

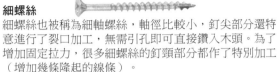

粗牙螺絲

螺絲的紋路較深，不易被向外拔出。針對容易裂開的木材以及靠近端面的部位，釘入粗牙螺絲前宜先引孔。左側的螺紋延伸至釘頭附近，屬於全紋型螺絲，而右側空白位置較長的螺絲則屬於半紋型螺絲。

細螺絲

細螺絲也被稱為細軸螺絲，軸徑比較小，釘尖部分還特意進行了裂口加工，無需引孔即可直接鑽入木頭。為了增加固定拉力，很多細螺絲的釘頸部分都作了特別加工（增加幾條隆起的線條）。

普通木螺絲

包括釘頭平坦的平頭木螺絲（如圖）和釘頭圓弧的圓頭木螺絲。通常需要先引孔再正式鑽入，不過對於針葉木等材質柔軟的木料，一般都省去這個步驟直接鑽入。

迷你螺絲

釘頭上的溝槽對應一號的十字起子，因而也被稱作 號螺絲（也稱作極細螺絲等）。在固定薄木板的端面部分時，迷你螺絲就非常實用。

自攻螺絲

金屬用螺絲，圖示為扁圓頭自攻螺絲。釘頭比較低，而頸部直徑則比較大。

■釘子

雖然固定拉力不及螺絲，但釘子種類更豐富。有的本身就有顏色，有的則在釘身（軸的周邊）上特別加工。

黃銅螺旋釘

由於釘身上的螺旋狀加工，更容易釘入，而且拉力也比普通釘子佳。因為是黃銅製成，看起來更加美觀，常使用於裝飾性較強的作品。

彩色釘

加了顏色的釘子，有時是為了搭配塗料的顏色，故意選擇與其色系相同的釘子，有時則完全相反，只為突顯色差而特意選擇。

暗釘

用在不想露出釘頭的部位，和木工膠一起使用，待黏合劑硬化之後，以鐵鎚垂直從塑膠部分敲下去，釘頭就會脫落。

浪形釘片

需橫跨釘入相鄰組件時使用，在其接縫處接合。

其他

木工膠（白膠）

釘入木螺絲或釘子之前，在組件的接合面塗上木工膠，強度會大為增加。乾燥後呈透明狀。

遮蔽膠帶

臨時固定材料以及保護不想被塗刷的部分，常常會用到遮蔽膠帶，用途多元。

毛刷

這種形狀稱作「斜柄毛刷」，對應被刷部位之寬幅選擇不同的毛刷，操作起來會更加容易。毛刷還根據適用塗料分為水性用毛刷和油性用毛刷，萬能型的毛刷可用在兩種性質的塗料上。

四方錐

手工引孔時使用之工具。

釘槍（手動）

椅子的椅面鑲釘時使用，請準備有分量的強力型釘槍，也有電動釘槍。

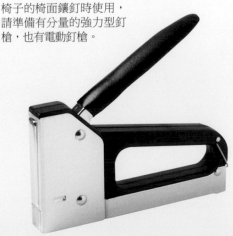

起子頭和鑽頭

❶ 起子頭 65mm（2 號）
❷ 加長起子頭 100mm（2 號）
❸ 鑽頭（軸徑 2mm）
❹ 鑽頭（軸徑 10mm）
❺ 鑽頭（軸徑 20mm）

電動工具
電動起子機（充電式）

起子機可用來拴緊螺絲、鑽孔。機器前端可安裝的並不僅限於木工用的鑽頭，也可以是鐵匠用鑽頭，以及用來引孔的沙拉刀等。

離合器

調整起子頭的扭力。數字越大，扭力越強，數字越小，扭力越弱。為了防止扭力太強導致拴太緊，建議從較小的數字開始嘗試。

請將△對準上方的數字或記號。以起子機鑽孔時，△應對準起子頭的符號。

套環

變速開關
調整高速旋轉與低速旋轉之間的轉換。

RYOBI
BD-122
Driver Drill

手緊鑽夾頭
裝卸、交換起子頭時，只要旋轉該部位即可讓夾頭前端的卡榫收緊或鬆開。旋轉夾頭前需要先以手固定好套環。

正、反轉開關
該開關可轉換起子頭的旋轉方向，繼而鎖緊或鬆開螺絲。

扳機開關
以中指扣動扳機，起子頭就會開始旋轉。鬆開手指，起子頭便會停下來。

12V
1300mAh

電池
使用時，在起子機基座下放上充好電的電池。用完之後則需卸下電池。

持握方法
鑽頭垂直於木板平面，手握起子機直直向下壓。操作時雙手配合，輕輕控制工具，避免機器左右擺動。

●注意事項
操作電動工具時，必須仔細閱讀使用說明書。必要時須佩戴護目鏡或面罩。

砂紙機

利用包裹好砂紙的底板振動完成更快速的研磨作業，用它來砂磨大量或大面積的木板都很方便。圖為迷你型砂紙機。

操作方法

使用慣用的手持握機器把手，順著木紋移動砂紙機，感覺跟使用熨斗熨燙衣物有些類似，注意不要用力過大。

開關

集塵袋

底板

壓桿

衝擊起子機

可用來鎖緊螺絲、鑽孔等。衝擊起子機會在旋轉方向上輔以打擊力，工作起來比普通的起子機速度更快，力量更強。操作方法和普通起子機大致相同，使用較長的螺絲時比普通機型便利得多。

自動夾頭

交換起子頭

以手指捏住自動夾頭向外拉，夾頭前端的導筒就會打開。插入起子頭之後、鬆開，導筒就會回到原位鎖緊起子頭。只要是電動起子機使用的六角起子頭，衝擊起子機一般都能使用。

線鋸機

除了直線，用線鋸機來鋸切曲線也很容易，只要換上專用的鋸條，線鋸機還可鋸切塑膠、金屬等材料。鋸條會作高速運動，使用時必須謹慎小心。

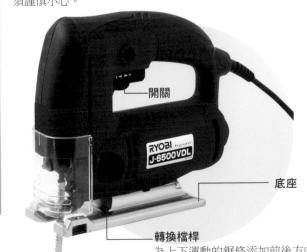

開關

底座

轉換檔桿

鋸條

持握時的注意事項

雙手持握，或一手握住把手，一手控制底座，保持穩定性。打開開關之後，再讓鋸條接觸材料。如果讓鋸條先靠著材料再啟動開關，材料可能亂跳，非常危險，鋸切的材料也需先以固定夾確實固定。

鋸條
最好有一條既能鋸切直線又能鋸切曲線的鋸條，使用起來非常方便。

轉換檔桿
為上下運動的鋸條添加前後方向的輔助力。根據所鋸切材質將檔桿轉換至適合的檔位，能使操作更加順暢。鋸切直線時可配合使用附贈（或單獨購買）的導尺，讓操作更輕鬆準確。

修邊機

修邊機讓倒角等裝飾性加工變得簡單,根據用途可換用多種銑刀。日製修邊機的夾頭孔徑為6mm,因此市售的銑刀軸徑大多為6mm。

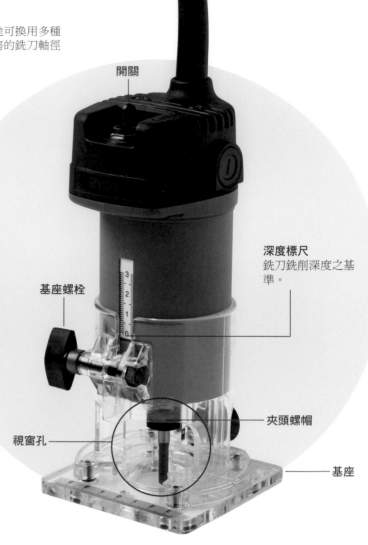

開關

深度標尺
銑刀銑削深度之基準。

基座螺栓

夾頭螺帽

視窗孔

基座

安裝銑刀

從插座上拔下電源線,鬆開基座螺栓卸掉基座,在夾頭螺帽中確實插入銑刀。以一個扳手固定螺帽上方的主軸,再使用另一個扳手鎖緊螺帽後,內部的錐形夾頭就會緊閉且緊鎖銑刀。取卸銑刀時,沿反方向轉動扳手即可。

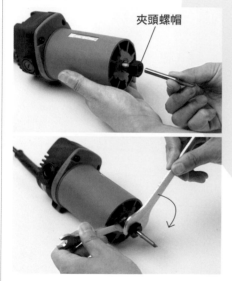

夾頭螺帽

安裝直線導尺

只要將引導面緊貼材料板,導尺就能輔助修邊機筆直地銑削。鬆開螺帽就能對引導面進行調整(操作時螺帽需拴緊固定)。

直線導尺

螺帽

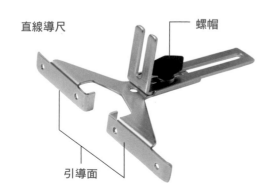

引導面

視窗孔的另一面配有一個螺栓。鬆開螺栓,即可將導尺套在螺栓軸上,裝好之後拴緊螺栓,藉此固定導尺。

銑刀的種類

選擇修邊機的銑刀時需綜合考慮銑刀之刀徑、長度、形狀等因素。※本頁介紹書中使用的銑削方法。

修邊刀
可將重疊的兩片木板銑削成相同的形狀。下方有箭頭的木板將作為導板引導銑刀對上方的木板進行銑削。

後鈕刀
可將重疊的兩片木板銑削成相同的形狀。上方有箭頭的木板將作為導板引導銑刀對下方的木板進行銑削。

鉋花直刀
可用來開槽、切邊的銑刀，通常分為單刃和雙刃，雙刃的加工速度更快。

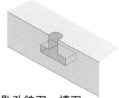

匙孔銑刀‧槽刀
主要用來為壁掛物品銑削掛孔的銑刀。銑削好掛孔之後，釘在牆上的釘子釘頭就可以嵌在掛孔之中。

¼ R 刀
倒圓稜時用到的銑刀，根據圓弧的大小分為1分、2分、3分等型號。

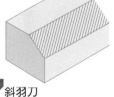

斜羽刀
倒45度斜稜時用到的銑刀。「倒角傘銑刀（45度）」也具備相同用途。

移動方法

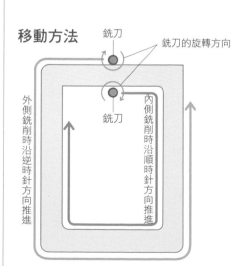

持握方法

被銑削的材料需先以固定夾固定，打開開關之後，銑刀就一直貼著木板銑削，雙手平穩持握修邊機推進銑削，注意別遮住通氣孔。

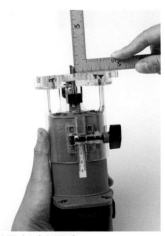

測量銑削深度

銑刀超出基座底板部分的長度就是銑刀的銑削深度。鬆開正面的螺栓，調節基座高度，確實用角尺或木工曲尺測量並確定好銑刀的伸出長度。接下來即可拴緊螺栓、固定基座。機器主體上配置的深度標尺可作參考基準。

看不見木紋

以水性塗料塗刷後的狀態。

水性塗料

木料表面覆蓋了堅固的塗膜，保護效果良好。塗料若黏度過高，不好塗刷時，可以用水稀釋後再進行塗刷。塗刷工具可以直接用水洗淨，相當方便。水性塗料色彩豐富，有亮光和平光可選。有時也會先用平光塗料塗刷，事後再補蠟使之變得具有光澤。

看得見木紋

以清油塗刷後的狀態。

清油

清油塗刷是顯露木紋、強調自然原始風貌的代表性塗刷方法。木材清油多數取自天然植物，這些清油只浸入木表很淺的地方，然後硬化（在木質內部形成塗膜），對木質的保護效果不算太好。顏色選擇較豐富。

打蠟

能在木質表面形成一層薄薄的膜，但在耐熱和抗磨損方面稍顯遜色，需要定期進行維護保養。家具用的蠟多數以蜂蠟為原料，這些蠟能夠讓家具生成一種類似古式家具的自然光澤，如果是有色的蠟，還可以用來為家具著色。

關於使用的塗料

本書中介紹的塗刷法分成兩類：塗刷後看得見木紋＆看不見木紋。塗刷本身除了有裝飾的意義外，還有保護木料的功效。建議在綜合考慮作品完成後的視覺效果和用途，選擇最合適的塗料。

塗刷前

著色劑和清漆

著色劑能夠浸入木質，但基本上不能形成塗膜，所以需要在著色劑之後再塗刷一層清漆。清漆可在木質表面形成堅硬、強力的塗膜，具有很好的保護效果。油性的清漆效果尤為強力。

● 注意事項

進行完塗刷的廢棉布或毛刷，有可能因為化學反應而發生自燃，需要特別小心，最好用水徹底清洗、處理等。請務必仔細閱讀包裝上標明的注意事項。

●協力攝影

ASAHIPEN
http://www.asahipen.jp

池田物產
http://www.iskcorp.com/

大見工業株式會社OMI
http://www.omi-co.com/

KANPE
http://www.kanpe.co.jp/

小西膠帶
http://www.bond.co.jp/

SUGATSUNE工業
http://www.sugatsune.co.jp/

日本OSMO
http://www.nihon-osmo.co.jp/

北三
http://www.hoxan.co.jp/

日本八幡螺絲
http://www.yht.co.jp/

LIGHT精機
http://www.super-light.co.jp/

日本利優比
http://www.ryobi-group.co.jp/

和信塗料
http://www.washin-paint.co.jp/

GALLUP
http://www.thegallup.com/

Planet Japan
http://www.planetjapan.co.jp/

●專業用語

試組裝
在固定各組件之前先將家具暫時拼裝起來，即為試組裝。試組裝可確認加工的狀態及螺絲位置是否正確等。

裁切木料
在木材的表面，依照實際需要的尺寸描繪出裁切輪廓並鋸切，即為裁切木料。木料裁切圖就是取材備料的設計圖。

砂磨
指用砂紙將粗糙的表面恢復成光滑，本書中將倒角工序也歸為砂磨的範疇。

治具
用來協助引導或控制工具的位置和動作，以準確加工出想要的形狀，這類輔助工具就被稱為治具，治具名稱源自於英文的「jig」。

引孔
在釘入螺絲和釘子之前，預先挖好的孔。引孔的好處在於能夠防止拴緊螺絲等過程造成材料裂縫。

廢木
材料被鋸切成型後剩下的木料，用途很廣，例如搪孔時置於材料板下方作為墊板等。

毛邊
鋸切木料或者對木料搪孔時，鋸切面的邊緣往往會留下鋸齒狀的餘屑和細小凸起，去除毛邊的工作叫作「去毛邊」。

組件
拼裝成型之前，所有的組成部分之材料都是組件。

倒角
消除組件上的稜角、清除毛邊等讓其表面光滑、平坦之工序。

國家圖書館出版品預行編目資料

11位超人氣木工職人親自教學：原創＆手感木作家
具DIY(暢銷新版) / 王海譯. -- 二版. -- 新北市：良品
文化館, 2016.04
　面；　公分. -- (手作良品；5)
譯自：11人の木工作家に教わる　シンプル家具づ
くり
ISBN 978-986-5724-64-1(平裝)

1.木工 2.家具製造

474.3　　　　　　　　　　　　104028852

手作 ✋ 良品　05

11位超人氣木工職人親自教學

原創&手感木作家具DIY（暢銷新版）

授　　　　權／ＮＨＫ
譯　　　者／王海
發　行　人／詹慶和
總　編　輯／蔡麗玲
執　行　編　輯／李佳穎
編　　　　輯／蔡毓玲・劉蕙寧・黃璟安・陳姿伶・白宜平
封　面　設　計／韓欣恬
美　術　編　輯／陳麗娜・周盈汝・翟秀美・韓欣恬
內　頁　排　版／造極
出　版　者／良品文化館
戶　　　　名／雅書堂文化事業有限公司
郵政劃撥帳號／18225950
地　　　　址／220新北市板橋區板新路206號3樓
電　子　信　箱／elegant.books@msa.hinet.net
電　　　　話／(02)8952-4078
傳　　　　真／(02)8952-4084

2016年4月二版一刷　定價320元

總　經　銷／朝日文化事業有限公司
進退貨地址／235新北市中和區橋安街15巷1號7樓
電　　　　話／Tel：02-2249-7714
傳　　　　真／Fax：02-2249-8715

STAFF

美術指導・設計
西 俊章 （root 24）

攝影
成清徹也・黑田桜子

繪圖
德永智美 （TIG design）

造型
玉井香織

校對
伊藤あゆみ

編輯
大津雄一 （NHK出版）

總編輯
鵜飼泰宏

發行人
中野宏治

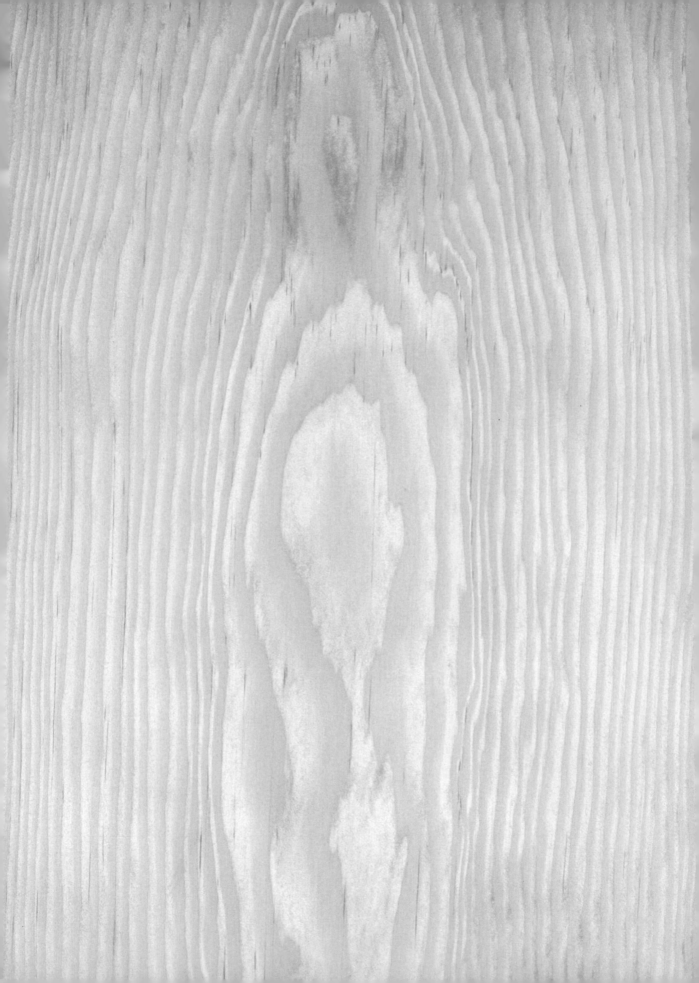